Pocket Therapy for Emotional Balance:
Quick DBT Skills to Manage Intense Emotions

应对情绪失控

马修·麦凯（Matthew Mckay）
[美] 杰弗里·C. 伍德（Jeffrey C. Wood） 著
杰弗里·布兰特里（Jeffrey Brantley）
骆琛 译

中国科学技术出版社
·北 京·

POCKET THERAPY FOR EMOTIONAL BALANCE: QUICK DBT SKILLS TO MANAGE INTENSE EMOTIONS.
By MATTHEW MCKAY PHD, JEFFREY C. WOOD PSYD AND JEFFREY BRANTLEY MD.
Copyright ©Matthew Mckay, Jeffrey C.Wood And Jeffrey Brantley, New Harbinger Publications,Inc. 5674 Shattuck Avenue, Oakland,CA 94609, www.newharbinger.com
This edition arranged with NEW HARBINGER PUBLICATIONS through BIG APPLE AGENCY, LABUAN, MALAYSIA.
Simplified Chinese edition copyright:
2021 China Science and Technology Press Co., Ltd.
All rights reserved.

北京市版权局著作权合同登记　图字：01-2022-0385。

图书在版编目（CIP）数据

应对情绪失控 /（美）马修·麦凯,（美）杰弗里·C.伍德,（美）杰弗里·布兰特里著；骆琛译. —北京：中国科学技术出版社，2022.2

书名原文：Pocket Therapy for Emotional Balance: Quick DBT Skills to Manage Intense Emotions

ISBN 978-7-5046-8953-5

Ⅰ. ①应… Ⅱ. ①马… ②杰… ③杰… ④骆… Ⅲ. ①情绪 - 自我控制 - 通俗读物 Ⅳ. ① B842.6-49

中国版本图书馆 CIP 数据核字（2022）第 028821 号

策划编辑	杜凡如　赵　嵘	责任编辑	杜凡如
封面设计	马筱琨	版式设计	锋尚设计
责任校对	张晓莉	责任印制	李晓霖

出　版	中国科学技术出版社
发　行	中国科学技术出版社有限公司发行部
地　址	北京市海淀区中关村南大街 16 号
邮　编	100081
发行电话	010-62173865
传　真	010-62173081
网　址	http://www.cspbooks.com.cn

开　本	787mm×1092mm　1/32
字　数	63 千字
印　张	5.25
版　次	2022 年 2 月第 1 版
印　次	2022 年 2 月第 1 次印刷
印　刷	北京盛通印刷股份有限公司
书　号	ISBN 978-7-5046-8953-5 / B·82
定　价	59.00 元

（凡购买本社图书，如有缺页、倒页、脱页者，本社发行部负责调换）

目录

引言/1

- 第1章　识别情绪/9
- 第2章　"休息"一下/19
- 第3章　转移注意力/31
- 第4章　放松与自我安抚/41
- 第5章　深度放松/51
- 第6章　尝试全然接纳/63
- 第7章　活在当下/73
- 第8章　使用正念/83
- 第9章　正念呼吸/91
- 第10章　智慧心冥想/101
- 第11章　增加积极的情绪体验/111
- 第12章　临场应对/123

情绪管理笔记/129

引言

每个人在一生中都不得不面对悲伤和痛苦——无论是生理上的（例如被蜜蜂蜇伤或手臂骨折），还是情绪上的（例如悲伤或愤怒）。通常，这些悲伤和痛苦既不可避免，也无法预测。我们每个人能采取的最佳应对方式，唯有使出浑身解数，并期待这些办法管用。

但是，有些人感受到的情绪和生理痛苦会比其他人更强烈、更频繁。他们的痛苦来得更快，如同势不可当的巨浪。通常，这些状况会让人感觉永无宁日，深陷痛苦的人往往不知该如何减轻痛苦的程度。为了方便本书的表述，我们将这种状况称为情绪失控（但请记住，情绪和生理上的痛苦常常相伴而至）。

如果你在和情绪失控做斗争，它会挑战你的忍耐极

应对情绪失控

限。当你愤怒、悲伤或恐惧时,这种情绪会成为强有力的巨浪,将你打倒。

当这种状况发生时,你会害怕自己的情绪。但问题是,你越是试图压抑自己的情绪,它就会变得越发难以阻挡。试图阻止情绪产生是行不通的,但任由这些情绪支配又会导致人际关系问题,会让你感觉生活更失控。

真正管用的是一系列叫作情绪调节的技能。你将在本书中学到这些技能。成千上万个与情绪失控做斗争的人使用了情绪调节技能,以寻求所谓的情绪效能——一种在拥有真实、丰富(甚至是强烈)的情绪的同时,不被情绪左右的能力。学会情绪调节技能足以改变任何人,包括你。

☺ 情绪即讯息

情绪是人类生存和生活必不可少的一部分。从根本上讲,情绪是来自你身体里的信号,会告诉你正在发生

引言

什么。当遇到一些令人愉悦的事物，你会感觉很好（喜悦、骄傲、满足）；当遇到一些令人痛苦的事物，你会感觉很糟（羞愧、恐惧、悲伤）。

当我们经历了情绪波动或者从原发情绪到继发情绪的阶段变化，就会认识到把握这种变化是学习情绪稳定技能的关键。

你对自身经历的最初情绪反应就是原发情绪。这是对正在发生的事件的强烈感受，不受任何想法干扰。例如，如果赢了一场比赛，你可能会感到惊喜；当在意的人去世时，你会感到悲伤。在这些情况下，你还没来得及思考，情绪就来了。

继发情绪是你对自身原发情绪的反应。例如，埃里克对着他的妹妹大喊大叫，因为她做了一些让他感到愤怒的事情（原发情绪）。随后，他又为自己在生她的气时所说的话感到内疚（继发情绪）。

某一种原发情绪也可能引发多种继发情绪。例如，

应对情绪失控

当肖娜被要求在近几天工作中做报告时,她变得焦虑起来。随着这一天的临近,肖娜因为意识到自己越发焦虑,感觉越发沮丧;接着,她开始感到羞愧,因为自己连一次简单的报告也做不好;然后,在做完报告的次日,她又为自己之前的小题大做感到内疚和羞愧。

由此你可以看出,对某种状况的原发情绪会引发一系列痛苦的继发情绪,这会比你最初的情绪给你带来更大的痛苦,这股泛滥的情绪会淹没你。如果长期都在挣扎着应付情绪失控,你可能会对此感到更加沮丧和无望。

尽管控制原发情绪是困难的,但你仍然可以学着应对它。学习控制继发情绪就比较容易。通过本书,你将掌握有效管理继发情绪的技能。之后,当你能熟练使用这些技能,尤其是正念技术时,你也将拥有一定对自身原发情绪的控制力。

引言

☺ 保持稳定情绪

学习如何识别自身的情绪及其对生活的影响,是控制情绪反应的第一步。人们往往一辈子都很少注意自己的感受。因此,他们的内心发生了很多重要的但连自己都不了解的心理活动。

饱受情绪失控困扰的人们也是如此,但他们所受的影响更多。当人们意识到剧烈的痛苦情绪(如悲伤、愤怒、内疚、羞耻等)时往往为时已晚,对此无能为力。

要控制情绪失控,就必须放慢情绪加工的过程,以便能够仔细识别它们。在识别出它们之后,你可以做出更健康的行为选择。因此,在第1章里,我们将从学习识别情绪开始——识别情绪的第一步是留意它们并为之命名。

我们在此将教授的技能是基于玛莎·林内翰(Marsha Linehan)创立的辩证行为疗法(Dialectical Behavior

应对情绪失控

Therapy，简称DBT），并经过数十年的研究和临床实践，既可以减少情绪波动的程度，又可以帮助你在情绪即将失控时保持情绪稳定。

辩证行为疗法并不复杂，但它需要反复练习。你可能已经听过许多核心概念，例如正念、接纳、自我安抚和放松。辩证行为疗法的做法就是把这些概念转化为可习得的技能，让你可以继续巩固并一直依靠这些技能。

本书旨在使学习这些技能的过程变得容易。而且，你可能已经想到，习得这些技能最大的难点在于下定决心练习新技能并付诸行动。为了方便你学习，我们编写了本书，让它成为一个便于携带、可自定义的资源库。

在你阅读本书时，我们将引导你深入了解自己的情绪反应模式，并帮你选用在不同状况下适合你自己的各种工具。每个章节末尾都有一个称为"深度思考"的小节，可以帮助你加深对该章节的理解。将自己的深入思考和体会写下来，无论是粗略地还是细致地写，都有助

引言

你找到坚持下去的动力。你需要一个笔记本（或记事本应用程序）来完成一些个体化练习，并跟踪自己的进度。

正如你所知，生活可能很艰难。无论经历过什么（遗传因素或早期创伤），今后你将不会在与情绪的斗争中陷入困境或感到无助。如果你完成了本书中的练习，并且能真正将所学技能付诸实践，你对感受的反应就会改变。这将改善每一次冲突或沮丧情绪的结果，并能以富有成效的方式改变你的人际关系进程。

你完全有理由鼓起勇气，你所需做的一切，就是从现在开始行动。

第1章

识别情绪

应对情绪失控

　　学会在令人痛苦的情境下识别自己的原发情绪,有助于你应对继发情绪的"雪崩"。这可能听来浅显或简单,但其实不然——尤其是当情绪来得又猛又快时。因此第1章将帮助你学会找到情绪的来源,让你更有技巧地处理它。

　　让我们从深入探讨过去的情绪问题开始。你需要尽可能诚实地面对自己。我们的目的是发现你曾经感受到的情绪(包括原发情绪和继发情绪),然后看清这些情绪是如何影响你随后的行动和感受的。

　　先看一个范例。一天傍晚,凌下班回家,发现丈夫又醉倒在沙发上。她立即感到很生气,于是开始对丈夫大吼大叫,骂他是"没用的酒鬼"。但丈夫只是躺在那里,没有与其争吵,也没有移动。她很想打丈夫,但并没有动手。

　　过了一会儿,凌又开始感到绝望和羞愧。她想尽办法来帮助丈夫,但似乎没有任何办法能奏效。丈夫拒绝

第1章
识别情绪

接受心理治疗，也不认为自己是在酗酒，所以他不去参加戒酒互助会。凌觉得如果这些情况不改变，他们的婚姻就无法维持，但她也不能接受离婚。

凌走进浴室，把自己反锁在里面。她想过用自杀的方法来终止此刻的痛苦，但她没有，只是拿起一枚刀片，划伤自己的腿，让自己流血。直到那天深夜，她仍然心烦意乱，忘了设闹钟，于是第二天她迟到了几个小时，并遭到经理训斥。

现在轮到你了。请你选择一个有清晰记忆的情境，然后把以下这些问题作为标题写在笔记本的空白页上，并在笔记本上制作一张常见情绪的列表，给自己的情绪命名。

以凌的故事为例，请按照以下六个步骤识别自己的情绪。

（1）**发生了什么事？** 描述导致你产生情绪的情境。写下事件发生的经过、时间、地点、涉及的人物，等等

应对情绪失控

（凌可能会这样写："我回到家，发现丈夫又喝醉了。但他拒绝寻求专业帮助或谈论他的问题"）。

（2）你认为这种情境为什么会发生？ 识别导致情境发生的潜在原因。这一步很重要：你对某个事件的解读通常会左右你的情绪反应。例如，你认为某人故意伤害你时的情绪反应，会与你认为伤害是意外时的情绪反应截然不同（凌认为她的丈夫是一个酒鬼，丈夫恨她且后悔娶了她，这就是为什么他放弃自己的人生，以及他为什么要酗酒来伤害她）。

（3）这种情境使你产生了什么感受（不论是情绪上的还是身体上的）？ 学会识别自己的情绪需要反复练习，并且值得你为之努力。如果可以，请试着同时识别原发情绪（由情境触发的情绪）和继发情绪（由原发情绪触发的情绪）。另外，请尝试识别自己的身体感受，尤其是与肌肉张力密切相关的感受（凌看到丈夫喝醉后的原发情绪是愤怒。然后，她感受到的继发情绪是绝望

第1章
识别情绪

和羞愧。在身体感受方面,她注意到自己脸部和手臂上的所有肌肉都变得非常紧张,并且感觉肠胃不舒服)。

(4)出于这种感受,你想做什么? 请通过这个问题识别你的冲动。通常,当一个人情绪失控时,他可能会有冲动采取一些剧烈或危险的行动或发表不合适的言论。但是,这个人并不总是这么做。有时,冲动只是一些想法和突兀的念头。当你意识自己的冲动,并将之与实际行为做比较时,结果可能是令人欣慰的。如果你可以控制住某些冲动,那么也很可能控制得住其他冲动(凌有冲动去做两件非常危险乃至致命的事:打丈夫并以自杀来结束痛苦。值得庆幸的是,这两件事她都没做,这给了她希望,让她相信自己同样可以控制住其他冲动)。

(5)你做了和说了什么? 你可以借此来确认由情绪导致的实际行为(凌将自己锁在浴室里自残。她还对丈夫大吼大叫,称他为"没用的酒鬼")。

应对情绪失控

（6）你的情绪和行为对你产生什么影响？ 识别你的感受和行为所带来的长期后果（凌因为忘了设置闹钟，第二天早上睡过头上班迟到，并受到经理的纪律处分，使她面临职业危机）。

☺ 说出你的感受

为了方便识别自己的情绪，请你大声地把感受说出来并给它们命名，这是有效的方法。这听起来可能有些傻气，但此举会帮助你准确识别自己的情绪，并使你更加关注自己当下的体验。请大声描述自己的情绪，尤其是情绪失控的时刻，这样做有助于你缓解痛苦。因此，你越善于去表达情绪，由情绪所导致的行为冲动就会越少。

大可不必用尖叫来表达心情，轻声地对自己说出你的情绪就够了。你只需找到最适合自己的方法。你可以对自己说："现在，我感到……"并且关注自己的愉悦

第1章
识别情绪

和快乐情绪。你越能识别出这些感受并大声说出来,就越能充分享受它们。

要进一步巩固你的学习体验,请在笔记本中记录自己的情绪(或使用情绪记录列表)。

☺ 关于应对策略

在与情绪失控做斗争时,人们经常用很不健康且无效的方式来处理自身的痛苦,因为他们不知道除此之外自己还能做什么。这是可以理解的。当处于痛苦时,人们很难保持理性并想出好办法解决问题。甚至,某些应对策略只会让问题变得更糟。

看看你是否会诉诸以下应对策略:

- 花费大量时间去思考过去的痛苦、错误和问题。
- 为未来可能出现的痛苦、错误和问题而忧心忡忡。
- 主动疏远他人,以免出现令人痛苦的状况。

应对情绪失控

- 用酗酒等方式来麻痹自己。
- 借着对人大发雷霆或企图控制他人来发泄自己的情绪。
- 做一些有潜在人身危险的事,如割伤、打伤、抓挠、抠破或烫伤自己,或拔自己的毛发。
- 进行不安全的性行为,比如与陌生人发生性关系或频繁进行无防护的性行为。
- 回避思考问题产生的原因,例如分析产生一段包含虐待或不健康的亲密关系的原因。
- 用食物来惩罚或控制自己,要么暴饮暴食,要么断食,或者在进食后催吐。
- 从事高风险行为,如鲁莽驾驶或服用危险剂量的酒精和精神类药品,甚至可能策划或尝试过自杀。
- 回避令人愉悦的活动,例如社交活动或体育锻炼,这可能是因为你认为自己不配感觉好起来。

应对情绪失控的

练习本

这是专属于你的练习本，
让我们掌控自己的情绪！

自我妨害式应对策略的代价记录表

自我妨害式应对策略	可能为此付出的代价
1. 花费了很多时间去思考过去的痛苦、过失等	错过此刻正在发生的美好,且随后为错失了那些美好而后悔;为过去的事而抑郁 其他:_____
2. 为将来可能发生的痛苦、过失等而忧虑	错过此刻正在发生的美好;为将来而忧虑 其他:_____
3. 为了回避社交中可能发生的不愉快而把自己孤立起来	花更多的时间独处,因而变得更抑郁 其他:_____
4. 用酒精麻醉自己	酒精成瘾;经济损失;失去工作能力;导致亲密关系破裂;危害健康 其他:_____
5. 把自己的痛苦发泄在他人身上	破坏友谊、爱情和家庭关系;别人都躲着你;孤独感强烈;为自己伤害他人而感到内疚 其他:_____
6. 做危险的事情,比如割伤自己,烧伤、抓伤自己,拔掉自己的毛发,和其他自残行为	生命危险;感染;留下疤痕;毁容;羞耻感;生理疼痛 其他:_____

应对情绪失控的练习本

续表

自我妨害式应对策略	可能为此付出的代价
7. 进行不安全的性行为，比如无保护的性或者是频繁与陌生人发生性关系	性传播疾病；有时有生命危险；怀孕；羞耻感；难堪 其他：_____
8. 回避面对问题的根源	忍受破坏性的人际关系；不断为他人付出以致身心枯竭；自身需求完全得不到满足；抑郁 其他：_____
9. 吃得太多、节食或在进食后催吐	肥胖；厌食症；暴食症；健康问题；就医治疗；难堪；羞耻感；抑郁 其他：_____
10. 尝试过自杀或其他高死亡风险的活动	死亡风险；住院治疗；难堪；羞耻感；抑郁 其他：_____
11. 回避从事令人愉悦的活动，比如社交或体育锻炼	生活缺乏乐趣；缺乏运动；抑郁；羞耻感；孤独 其他：_____
12. 屈从于自己的痛苦，过着没有成就感的生活	许多的痛苦和烦恼；人生遗憾；抑郁 其他：_____
13.	
14.	

让自己开心的活动列表

给你愿意尝试的活动打钩，然后补充其他任何你想参与的活动：

- ✔ 给一个朋友打电话聊天
- ☐ 去拜访一个朋友
- ☐ 邀请朋友来你家里做客
- ☐ 开一个派对
- ☐ 锻炼身体
- ☐ 举重
- ☐ 练习瑜伽、太极、普拉提或参加类似的学习班
- ☐ 拉伸肌肉
- ☐ 到公园或其他宁静的地方长时间散步
- ☐ 到户外看云彩
- ☐ 慢跑

应对情绪失控的
练习本

- [ ] 骑自行车
- [ ] 游泳
- [ ] 爬山
- [ ] 做一件令人兴奋的事,比如冲浪、攀岩、滑冰、跳伞、骑摩托、唱卡拉OK,或者学着做其中的一件事
- [ ] 做个按摩,这会帮你放松心情
- [ ] 如果周围没有其他人,去玩一些你可以独自玩的球类,比如篮球、保龄球、手球、迷你高尔夫、台球,或对着墙打网球
- [ ] 走出你的房子,即使你只是在户外坐坐
- [ ] 开车去兜风或者乘公共交通工具去兜风
- [ ] 计划一次旅行,去一个你从未去过的地方
- [ ] 睡觉或打个盹
- [ ] 吃巧克力(对你有益)或者吃一些你真正喜欢的食物

让自己开心的活动列表

- [ ] 吃你最喜欢的冰激凌
- [ ] 做你最喜欢吃的菜或做一顿大餐
- [ ] 做一道你从未尝试过的菜
- [ ] 上烹饪课
- [ ] 出去吃点东西
- [ ] 出去和你的宠物玩
- [ ] 借一只朋友的狗,带它去公园
- [ ] 给你的宠物洗澡
- [ ] 去野外观鸟和去动物园看其他动物
- [ ] 找一些有趣的事情做,比如在视频网站上看个有趣的视频
- [ ] 看一部有趣的电影(收集有趣的电影,以备在你痛苦不堪时观看)
- [ ] 去电影院看电影,不管是什么片在上映
- [ ] 看电视
- [ ] 听收音机电台

应对情绪失控的 练习本

- ☐ 去参加体育赛事，比如棒球或足球比赛
- ☐ 和朋友一起玩游戏
- ☐ 玩纸牌
- ☐ 玩电子游戏
- ☐ 上网聊天
- ☐ 访问你最喜欢的网站
- ☐ 访问一些疯狂的网站，并存到收藏夹
- ☐ 创建自己的网站
- ☐ 创建你自己的网络博客
- ☐ 参加线上约会交友活动
- ☐ 在网上卖掉你不想要的东西
- ☐ 网购（在你的预算以内）
- ☐ 完成一幅拼图零片很多的拼图
- ☐ 拨打危机热线或自杀求助热线，与工作人员交谈
- ☐ 去购物
- ☐ 去理发

让自己开心的活动列表

- ☐ 做次水疗
- ☐ 去图书馆
- ☐ 去书店看书
- ☐ 到你最喜欢的咖啡店喝咖啡或茶
- ☐ 参观博物馆或当地艺术展
- ☐ 去购物中心或公园观察其他人；试着想象他们在想什么
- ☐ 冥想
- ☐ 给一个很久没联系的家人打电话
- ☐ 学习一门新的语言
- ☐ 唱歌或学习如何唱歌
- ☐ 演奏或学习一种乐器
- ☐ 写一首歌
- ☐ 听一些有律动、快乐的音乐（收集欢快的歌曲，在你感到不知所措时听）
- ☐ 在你的房间里大声放音乐，并随之起舞

应对情绪失控的
练习本

- ☐ 回忆你最喜欢的电影、戏剧或歌曲中的台词
- ☐ 用你的智能手机拍一部电影或视频
- ☐ 摄影
- ☐ 加入一个公开演讲小组,写一篇演讲稿
- ☐ 参加当地的戏剧表演团体
- ☐ 参加当地合唱团
- ☐ 加入一个俱乐部
- ☐ 布置一座花园
- ☐ 出门工作
- ☐ 编织、打毛衣或缝纫——或学习这些技能
- ☐ 做一本有图片的剪贴簿
- ☐ 做个美甲
- ☐ 染发
- ☐ 泡个泡泡浴或淋浴
- ☐ 改装调试你的汽车、卡车、摩托车或自行车
- ☐ 在当地大学、成教学院或网上报名参加让你感

让自己开心的活动列表

　　觉有趣的课程
- [ ] 读你最喜欢的书、杂志、报纸或诗歌
- [ ] 读一本名人八卦杂志
- [ ] 给朋友或家人写一封信
- [ ] 把你对自己比较欣赏的方面写在你的照片上
- [ ] 写一则关于你或他人生活的诗歌、故事
- [ ] 在日记里写下今天发生在你身上的事情
- [ ] 当你感觉良好时,给自己写一封情书并随身保存,待你感到沮丧时阅读
- [ ] 当你感觉良好时,列出10件你擅长的事情或者自我欣赏的方面,并随身保存,待你感觉糟糕时阅读
- [ ] 画一幅画
- [ ] 用画笔或手指画画
- [ ] 花时间和你关心、尊重或欣赏的人在一起
- [ ] 列一张清单,列出你崇拜并想成为的人——历

应对情绪失控的
练习本

　　史上任何真实的或虚构的人都可以。描述一下你欣赏这些人的什么地方

☐ 把你经历过的最疯狂、最有趣或最有意义的事情，写成一个故事

☐ 列出你希望在死前做过的10件事

☐ 列出10位你希望结交的名人，并描述原因

☐ 列出10位你想约会的名人，并说明原因

☐ 给那些让你的生活变得更好的人写一封信，告诉他们原因（如果你不想的话，你不必寄出这封信）

☐ 创建自己的快乐活动清单

其他想法：_____
_____
_____

应对性思维工作表

令人痛苦的情境	新的应对想法
1.	1.
2.	2.
3.	3.
4.	4.
5.	5.

应对情绪失控的
练习本

全然接纳练习

现在向自己提出这些问题并回答。

想想你最近经历的一个痛苦的情境,然后回答下列问题——这将帮助你从根本上以一种新的方式接受那些状况:

- 在这个令人痛苦的情境中发生了什么?

- 过去发生的哪些事件导致了这种情境的出现?

- 我在造成这种情境时扮演了什么角色?

全然接纳练习

- 其他人在造成这种情境中扮演了什么角色？

- 在这种情境中我能够控制什么？

- 在这种情境中我不能够控制什么？

- 我对这种情境的反应是什么？

应对情绪失控的
练习本

- 我的反应对我自己的想法和感受产生了哪些影响？

- 我的反应如何影响了其他人的想法和感受？

- 我怎样才能改变我对这种情境的反应，从而减少自己和他人的痛苦？

- 如果我曾经全然接纳这种情境，现状会有什么不同？

用智慧心做决定

既然已经练习过并且找到智慧心的位置,那么你就可以在做决定之前留意智慧心。这可以帮助你确认决定是否正确。要做到这一点,你只需想着自己打算采取的行动,并将注意力集中在智慧心的位置。然后留意你的智慧心向你表达了什么。你的决定使你感觉良好吗?如果是,那么你应该这样做。如果感觉这不是一个好决定,那么你应该考虑其他选择。

学着为自己的生活做出可靠的、正确的决定,这是一个贯穿一生、不断成长的过程,而且这方面没有唯一的判断方法。用自己的智慧心来确认,只是对部分人有效的一种方式。

但是,这里需要警惕一些事情。当你第一次使用智慧心做决定时,可能很难区分用智慧心和情绪心来做决定之间的区别。你可以通过三种方式来识别它们的差异:

应对情绪失控的练习本

（1）**当你做出决定时，你是否同时考虑了自己的情绪和实际情况？** 或者说，你的决定是同时基于感性思维和理性思维做出的吗？如果你没有考虑到真实现况，而是被情绪所控制，那么你就没有使用智慧心。有时，我们需要让情绪平静下来，然后才能做出正确的决定。如果你刚刚陷入了非常情绪化的状态，无论它是好是坏，都要给自己足够的时间冷静下来，运用理性思维。

（2）**你感觉这个决定正确吗？** 在你做出决定之前，请和你的智慧心确认，并注意它的感觉。如果你在用智慧心确认时感到紧张，那么你即将做出的决定就可能是不好的或不安全的。但是，也许你感到紧张只是由于尝试新鲜活动时感到兴奋，这可能是一件好事。有时它很难辨别，这就是为什么用理性思维做决定很重要。以后，当你有了为自己的生活做正确决定的更多经验，就会更容易区分有益的紧张感和无益的紧张感。

(3) 你是否清楚自己做决定的结果？如果你的决定为生活带来了有益的结果，那么你很可能在做决定时使用了智慧心。当你开始使用智慧心时，请记录自己的决定和结果，以确定自己是否真的在使用智慧心。请记住，智慧心会帮助你在生活中做出健康的决定。

应对情绪失控的
练习本

认识你的情绪

问题	你的反应
这种状况是何时发生的？	
发生了什么（描述事件经过）？	
你认为这种状况为什么会发生（确认原因）？	

认识你的情绪

续表

问题	你的反应
这种状况让你产生了什么感受,包括情绪上和生理上的(试着确认原发和继发情绪)?	
你的感受导致你想做什么?	
你说了、做了什么(你的感受导致你采取了什么行动)?	
行为之后对你产生了哪些影响(行为产生的短期和长期影响是什么)?	

应对情绪失控的 练习本

情绪记录笔记

它是何时发生的?当时你在什么地方?

你有什么情绪感受?(现在,我感到……)

情绪记录笔记

你把自己的感受说出来了吗?

在认识到自己的感受之后你做了什么?

有时，情绪就像强大的海浪，不断地拍打着你。
你越是试图压抑这些情绪，它们就越难以抗拒。

怎么做才能使你感觉好一点？
翻开本书，从现在开始改变！

临床心理学家提供了12种简单、
即时的策略

搭配应对情绪失控练习本，
掌控情绪，不再是一种困难。
让我们出发吧！

第1章
识别情绪

- 屈从于自己的痛苦,过着悲惨且没有成就感的生活。

所有这些应对策略都会导致更深的痛苦,因为即使它们能暂时缓解痛苦,也只会在未来造成更多的痛苦。

请记得:

有时苦难无法避免,但精神痛苦往往是可以避免的。

为了避免产生长期痛苦,你需要学习一些能够帮你以一种新的、更健康的方式耐受和应对苦难的技能。

你将在下一章学习使用REST工具——一种在应对苦难的同时减少痛苦的熔断机制。

深度思考

在你的笔记本中写下本章列出的一个或多个应对策略作为你的解决方案。回顾某些应对策略真正帮你解决

应对情绪失控

了问题的情形,以及某些应对策略使你付出代价的情形(通常这两种情形同时存在——应对策略既可能帮助我们,又可能会让我们付出代价)。

第 2 章

"休息"一下

应对情绪失控

现在我们已经识别出一些妨害自身和他人的行为，以及有可能为此付出的代价。现在你要学习的第一个策略就是REST，它是一组英文单词的缩写：

放松（Relax）；

评估（Evaluate）；

设定意图（Set an intention）；

采取行动（Take action）。

改变任何一种习惯都是困难的，你必须先明确：

· 你希望改变什么行为？
· 你希望在何时改变它们？
· 你希望用什么行为来替代原来的行为习惯？

同样重要的是，你必须牢记：我要在第一时间做出不同于以往的反应。通常这是最难的部分，尤其是当你感觉自己被情绪压垮了的时候。

第2章
"休息"一下

那么,当你感到不知所措时,如何才能有备而来地做出更健康的决策呢?想要改变妨害自己和他人的行为且不冲动行事,第一步是使用"休息"(REST)策略:放松、评估、设定意图并采取行动。

😀 如何使用 REST 策略

第一步,放松。停下手上的事情,做个深呼吸。离开当前环境片刻,换个角度看问题。不要像往常一样行事,相反,要让原发情绪和冲动行为之间拉开一些"距离"。你甚至可以大声说:"停下来""放松"或"休息",然后做几次缓慢的深呼吸,让自己在情绪发作前冷静下来。

第二步,评估。事实是什么?做个快速的评估。你不需要把一切都弄清楚,也不必深入分析自己为什么会有这种感觉。如果问题太复杂,你甚至不必解决它。尽可能对正在发生的事情形成总体上的认识。问自己几个

应对情绪失控

简单的问题,比如:我感觉怎么样?发生什么事情了?有人遇到危险了吗?

第三步,设定意图。意图,可以是一个目标或者行动计划。当你要决定自己该采取什么行动时就问问自己:我现在需要什么?不管你当下怎么选,都不一定是问题的最终或最佳解决方案,你只需要用健康的行为帮助自己应付过去就好。

第四步,采取行动。小心地推进,这意味着你要缓慢、专注地行动,并时刻觉察自己在做什么。不管你有什么打算,现在就行动,尽可能保持冷静、高效。

再次强调,你使用REST策略时采取的第一个行动,可能不是解决手头问题的最终解决方案。但是,如果你遵循上述步骤,你的正念行动可能会比你只是冲动反应的行动更健康、更有效。

要在情绪激动的时候完成这四个步骤,尽管这看起来会有些手忙脚乱,但是通过练习,你可以在几秒钟内

第2章
"休息"一下

完成这些步骤,并且让它变成新习惯。

请注意,你可能需要在相同的情况下多次使用REST策略。如果你不能在第一次尝试REST策略的时候设定一个有效意图并采取行动,那就需要重新开始,并在再次尝试之前做几次缓慢的深呼吸。

即使你只坚持使用了REST策略一阵子,在你感到问题已经解决,或是在你能有效摆脱这种境况之前,你都会因为它使你免于冲动或潜在的鲁莽或破坏性的行为而受益。

😊 何时使用 REST 策略?

你多半知道,当自己感受到强烈的负面情绪时,可以选择用不同的行为方式来回应,尤其是那种让你想回避某些事物,或对他人咄咄逼人的情绪。发生这种情况时,REST策略就像一种熔断机制,为你提供选择的机会:

应对情绪失控

顺着行为的惯性冲动行事,或者运用本书中的应对技能,尝试不同的应对方式。

如果你突然在情感上、精神上或生理上感到痛苦,也可以使用REST策略。这通常是一种有益的提醒,说明你需要先暂停,再做选择。

最后,即使不知道为什么,但是你觉察到自己有冲动行事的渴望时,或者习惯性出现自我妨害行为时,你也可以使用REST策略。

这三种情形都提示着一个面临抉择的时刻:你可以依照习惯冲动地做出回应,给自己或别人造成痛苦,或者你也可以放松、评估、设定意图和采取行动,并使用更健康的应对技能。

☺ 使用 REST 案例:布莱恩的故事

布莱恩经常和妻子凯莉吵架。通常,他会贬低凯莉,对她大喊大叫,说她作为配偶"一文不值"。之

第2章
"休息"一下

后,布莱恩感到羞愧,冲出家门,到附近酒吧里喝得烂醉,并大肆挥霍。

后来,布莱恩开始学习新的应对技能,了解了哪些技能对自己有效。但当他感到愤怒和沮丧时,往往很难想起使用它们。他知道自己必须使用REST策略,所以他在家中四处贴上了色彩鲜艳并写有"REST"字样的便签。

当他再次和凯莉争吵时,马上看到了其中一张便签。他屏住呼吸,停止大声喊叫,告诉凯莉他过五分钟再回来,然后离开了房间。

他缓慢地深呼吸,试图放松,并释放肌肉里的一些张力。

接下来,他评估当前的状况,快速思考刚才发生了什么。他意识到自己和凯莉争吵是因为凯莉没有清洗他的工作制服。但是他要到第二天早上才去工作,而且他之前忘了告诉凯莉要洗制服,现在依然有足够的时间来

应对情绪失控

清洗。布莱恩意识到这件事情并不紧急,但他刚才却被自己的愤怒情绪控制了。

布莱恩想离家去酒吧喝几杯,但他没有,反而**设定**了一个意图:"我会待在家里,冷静下来,不做伤害自己和凯莉关系的事情。"

终于,他**行动**了。在做了几个深呼吸让自己平静下来之后,布莱恩回去找凯莉。他告诉她,自己认识到没有事先请她帮忙洗制服,他感到生气,需要去卧室冷静一下。于是他到床上躺下,播放一些舒缓的音乐,练习慢速呼吸放松法。他计划等到自己感觉足够平静的时候,就起床向凯莉道歉。

布莱恩很难记得使用REST策略,但一旦他打破了自己的常规行为模式,就成功做出了新的、更有效的,最终更健康的选择。

第2章
"休息"一下

练习 REST 策略

回想一个你最近遇到的让自己感到情绪失控的情境。尽你最大的努力觉察自己有哪些冲动行为、自我妨害的行为（如果有的话）。思考如果你使用REST策略，怎么做才能更好（也许不是很完美，但会处理得更好）地应对这种情境。

在笔记本上写下以下问题的答案：

发生了什么？

有什么样的感受？

之后做了什么？

有没有什么自我妨害的行为？如果有，是什么行为？

想象一下，如果使用REST策略，情况会有什么

应对情绪失控

不同？

在这种情境下你会如何放松？

如果你做了评估，你会发现什么？

如果你设定了一个意图，那会是什么？

如果你基于这个意图采取行动，会发生什么事情？

如果你使用了REST策略，那么总体上会有什么好处？

任何形式的自我行为改变都是困难的。尤其是当你情绪失控的时候，也正是你最需要改变行为的时候！因此，时时提醒自己将REST策略与本书其余部分的技能相结合，并学以致用，这是很重要的。

REST本身并不算是一种技能，它更像是一种策

第2章
"休息"一下

略,可以让你将所有的应对技能融入其中。

每当你遇到一个充满挑战的情境,并感觉被自己的情绪控制时,你必须为自己的行为做出艰难选择,记得要将REST策略付诸实践,并结合运用其他应对技能。你每多提醒自己一次,将来用到它时你就更熟练一些。

> **深度思考**
>
> 在什么情况下,你认为REST策略会对你有帮助?思考并大致写出一些很有可能触发你情绪失控的人物、地点和情境。
>
> 在接下来一周或更长的时间里,在情绪失控时练习使用REST策略。至少这样练习一次,并且在笔记本上写出:
>
> - 现在的状况如何?
> - 如何在这种状况下放松(呼吸练习、在附近街道散步等)?
> - 在评估时,发现了什么?

应对情绪失控

- 当设定意图时,它会是什么?
- 在这种状况下会采取什么行动?或者如果仍然在制订行动计划,那会是什么?

第 3 章

转移注意力

应对情绪失控

你将学到的第一项应对技能是转移注意力。选择从何时、从哪里开始转移自己的注意力是调节极端情绪的关键技能。

转移注意力是重要技能，因为：

（1）它们可以暂时阻止你去回想痛苦情绪。

（2）它们让你有时间去找到合适的应对方法。

转移注意力也可以为你赢得时间，这样你就可以在着手处理痛苦的状况之前，让情绪稳定下来（它在这方面有点像REST策略）。

不要把转移注意力和逃避混为一谈。当你逃避痛苦的情境时，你会选择不去处理它；但是当你使用下述这些专业的方法来转移对痛苦情境的注意力时，你会在稍后情绪平复到可耐受时去处理问题。

☺ 做一些令自己愉悦的事

有时候，做些让自己感觉良好的事情，是转移对痛

第3章
转移注意力

苦情绪的注意力的最佳方法。你可以考虑逛博物馆、泡澡、做瑜伽或打理园艺。记住，你不必等到感觉自己被痛苦情绪压倒时才去做一件令自己愉悦的事。事实上，你每天都应该尝试做一些悦己的事情。

😊 关注他人

另一个减少对痛苦关注的好方法是把注意力转移到别人身上。这里举一些例子。

- **为他人做些事情**。给你的朋友打电话，问问他们是否需要一些帮助，比如做家务、去超市购物或打扫家庭卫生。如果可以的话，问问你的父母、祖父母或兄弟姐妹，看自己是否可以帮助他们完成任何任务。
- **把注意力从自身转移开**。到一个公共场合，比如公园或购物中心，坐下观看路人，或者到人群中

应对情绪失控

走走。看看人们在做什么，观察他们的穿着，听他们的对话，数一数他们的衣服上有几颗纽扣。

- **想想你在乎的人**。在你的手机或者钱包里保存一张这个人的照片。可以是你的家人、朋友或者是你仰慕的人。然后，当你感到痛苦的时候，拿出这张照片，并想象你们在进行一场治愈心灵、平静的对话，仿佛那个人就在你身边与你说话一般。

☺ 发挥想象力

人类的大脑是一台奇妙的思想制造机。大多数时候，它让我们的生活变得更轻松。但不幸的是，我们无法完全控制大脑想什么。

所以，不要试图强迫自己忘记某段记忆或某个想法，而要试着用其他的记忆或发挥想象力来转移你的思绪。我们在此举些例子：

第3章
转移注意力

- **回忆过去的快乐时光**。尽可能多地回忆出细节,任何关于愉快、有趣或令人兴奋的时光的记忆。你那时都做了些什么?你当时和谁在一起?发生了什么事?

- **观察身边的大自然**。尽可能近距离地观察鲜花、树木、天空或动物。如果你住在城市里,接触自然的机会不太多,那你要么尽可能抓住一切机会去观察,要么闭上眼睛,回忆一个过去观察过的场景。

- **想象自己是一个英雄**。想想可以如何修正过去或未来发生在你生活中的一些事情。你会怎么做?人们会对你说什么?

- **想象自己得到赞扬**。这次赞扬来自一个对你来说很重要的人。你做了什么?这个人对你说了什么?为什么他的意见对你很重要?

- **想象自己美梦成真**。这个美梦会是什么?还有谁

应对情绪失控

参与其中？之后你会做什么？

- **随身携带一则你最喜欢的诗文或名言。** 当你感到苦恼时，把它拿出来读给自己听。想象那些能给你带来宁静和抚慰的话语。当你读这句话的时候，请发挥想象力（比如有一道光从天空中洒落到你身上）来安抚自己。

☺ 离开现场

有时候你的最佳选择就是离开。如果你在非常痛苦的情境下和别人在一起，你意识到自己快要情绪失控，可能会让状况比现在更糟，那么通常你最好的选择是离开。

记住，如果你已经情绪失控，那会更难想出一个恰当的解决方案。也许最好的办法就是让自己远离这种情境，以便给自己时间来冷却情绪，思考下一步该怎么做。如果这是你能做的最好的选择，那就离开吧。这远

第3章
转移注意力

远好过给坏情绪火上浇油。

😀 做些有用的事

奇怪的是,很多人都没有留出足够的时间来关照自己或自己的居所环境。结果,工作任务和家务都没有做好。因此,抓住做些事情的好机会,以便照顾好你自己,维护好周边环境。下次当你感到非常痛苦时,你可以干些诸如洗碗、打扫房间或修剪草坪之类的事情,来暂时转移注意力。

😀 计数

计数是一种简便的方法,可以让大脑保持忙碌,让你去关注痛苦以外的其他事物。在此举一些例子。请先确定一种你能完成的计数项目,然后再增加其他任何你能想到的活动:

应对情绪失控

- **呼吸计数**。坐在一张舒适的椅子上,将一只手放在腹部,缓慢地深呼吸。想象一下,你吸入的气流深入腹部而不是肺部。每当吸气时,你能感觉到肚子像气球一样膨胀,就开始计数。如果你难免又想起令人痛苦的事物,让自己的注意力回到计数上就好。

- **对任何其他对象计数**。如果你的情绪太干扰注意力,那就数一数你听到的声音。这会让你把注意力从自身转移开。或者试着数一数路过的汽车的数量,自身感官感受到的感觉的数量,或者其他任何你可以计数的东西。

- **做以七为单位的加减法**。例如,从一百开始减去七。然后从答案数字中再减去七,继续依此类推。这项活动能转移你的注意力,因为你得格外专注才能完成它。

第3章
转移注意力

> **深度思考**
>
> 给自己制订一项转移注意力计划。首先,确定当你再次处于令人痛苦的情境中时愿意使用的转移注意力方法(记住,痛苦耐受计划的第一步应该是使用REST策略,它很可能包含转移注意力方法)。
>
> 接下来,把你所选择的转移注意力方法写在便签上,装在钱包里随身携带,或者用笔记本应用程序把它们记在手机里。然后,当你再次处于痛苦情境时,可以拿出纸条或打开应用程序,以提醒自己执行转移注意力计划。
>
> 然后,在你的笔记本中写下你的计划和你选择的转移注意力方法有多么奏效。这会很有用。此外,你会如何调整计划?这将帮助你建立一整套在情绪危机时可依赖的方法。

第 4 章

放松与自我安抚

应对情绪失控

现在你已经学习了一些健康的、有效的方法在情绪失控时来转移注意力，还需要学会新的方法来安抚自己。本章所介绍的活动可以帮助你放松，这是REST策略的第一步。然后，在本书的后续内容中，你将学习一些特定的技术处理问题状况。

☺ 用感官来自我安抚

调动五感，甚至只调动一种感官，就可以非常有效地带你回到当下。每一种感官都能让你在紧张的情境中保持平静。

嗅觉： 嗅觉是一种非常强大的感官，常常能触发记忆，让你产生特定的感受。因此，识别让你感觉良好而不是糟糕的气味非常重要。

视觉： 我们有很大的一部分脑区专门用于处理视觉。无论是情绪得以改善还是恶化，你所看到的事物往往会对你产生强大影响。这就是为什么找到对你有抚慰

第4章
放松与自我安抚

作用的图片来观赏会很有益。

听觉： 某些声音可以抚慰我们。例如，听柔和的音乐可以让人放松。试着去识别那些能帮助你放松的声音。

味觉： 我们对味道的感觉可以触发记忆和感受，所以要再次强调，找到令你愉悦的味道是很重要的。

然而，如果进食对你来说是一个问题，比如暴饮暴食、催吐或节食，你就需要和心理专家谈谈以寻求帮助。如果进食过程会让你感到不安或紧张，那就借助其他感官来让自己平静下来。

触觉： 我们经常忽略触觉，但我们其实总在接触一些东西，比如我们穿的衣服或我们坐的椅子。皮肤是我们最大的器官，它布满了神经，这些神经将感觉传递到我们的大脑中。

以下是有关运用自身感官来安抚和放松的建议。先确认其中哪些是你愿意实施的项目，然后再添加其他任何你能想到的活动。

应对情绪失控

- 在你的房子或房间里点一些精油蜡烛或熏香。
- 使用让你感到快乐、自信或愉悦的精油或香水。
- 去一些香气宜人的场所,比如面包店或餐厅。
- 在家里烘焙一些香喷喷的食物,比如巧克力曲奇饼干。
- 购买新鲜花草。
- 找一个能让你在观赏中放松的地方,比如博物馆。
- 去书店找一些让你感觉轻松的照片集或图册。
- 画一幅自己喜欢的画作。
- 聆听舒缓的音乐。这可能是对你最有效的方法。
- 听有声读物。许多公共图书馆会允许你免费下载或现场听流媒体有声书。
- 听网络节目,但纯粹只是听声音。找一个带有无聊或平淡话题的节目,别选择像新闻那样刺激的节目。
- 打开窗户,感受窗外大自然的宁静。或者,如果

第4章
放松与自我安抚

你的住所外面没有令人放松的声音,那就去一个有减压背景声的地方,比如公园。

- 听听机器的白噪声。白噪声是一种能屏蔽其他干扰声音的声音。你可以买一台在循环空气时能发出白噪声的机器,打开风扇屏蔽让人转移注意力的声音,或在智能手机上下载白噪声应用程序。
- 聆听冥想或放松活动的音频。
- 倾听潺潺的流水声。到当地有水景观的公园,或者附近有喷泉的商场去。
- 享用你最爱的食物,不管那是什么。细嚼慢咽,这样你就能从它的美味中获得愉悦。
- 随身携带坚果、口香糖或营养谷物棒,不开心的时候嚼一嚼。
- 吃些让你感觉舒服的食物,比如清粥、馄饨。
- 喝一些有舒缓作用的饮品,比如茶。练习慢慢地

应对情绪失控

啜饮品尝,这样你可以享受它的美味。
- 吮吸冰块儿或冰棒,尤其是天气炎热时,享受冰块儿在你口中融化的感觉。
- 买一块新鲜多汁的水果,然后细嚼慢咽地吃完。
- 在口袋里放一些柔软或天鹅绒质地的物品,你可以在需要安慰时摸摸它,比如一块手帕。
- 洗个热水澡或冷水澡,享受水落在皮肤上的感觉。
- 泡一个温暖的泡泡浴或精油浴,享受肌肤得到舒缓的感觉。
- 去做个按摩。
- 给自己按摩。有时仅仅是自己按摩一下身上酸痛的肌肉就很舒服。
- 如果养了宠物,陪你的宠物玩耍。
- 穿上你最舒适的衣服,比如你最喜欢的旧T恤、宽松的运动服或者旧牛仔裤。

第4章
放松与自我安抚

😊 "游戏暂停"

"游戏暂停"并不仅仅适用于儿童。我们都需要放松,以便让我们的身体、思想和灵魂焕然一新。然而,很多人不会为自己花时间,因为他们觉得这会让另一些人失望,比如他们的老板、配偶、家人或朋友。

许多人忽视自己的需求,因为他们觉得为自己做任何事都是有罪或自私的。但是,只照顾别人而忽略自己,你能这样持续多久呢?你需要照顾好自己,这并不意味着你自私。

这里有一些简单的方法可以帮助你为自己抽出时间。请识别出其中你愿意做的项目。

- 像善待他人一样善待自己。为自己安排一次被推迟已久的悦己活动,比如给自己做一顿美味大餐,或者去享受一次按摩。

应对情绪失控

- 认真为自己花些时间,哪怕每周只有几个小时。例如,在早上开工前做五分钟冥想或在晚上睡前写一篇感恩日记。
- 如果你足够有勇气,请半天假。去一些让你感到美好的地方,比如公园、大自然、博物馆,哪怕是购物中心这样的地方也可以。
- 为自己的健康快乐花时间,比如做个新发型,参加健身课,预约医生体检,等等。

> **深度思考**
>
> 现在你已经读完关于运用五感来放松和安抚自己的原因,需要列出你愿意使用的技术。为获得灵感,可以回顾下你确认过的活动,给出具体、明确的行动计划。列一份可以在居家时尝试的活动清单,再列一份可以在外出时尝试的清单。把这些清单放在一个好记住的地方,比如智能手机里的记事本应用程序里。

第4章
放松与自我安抚

和记录转移注意力的方法一样,用笔记本来记录放松计划也会很有用。此外,你会如何调整计划?完成上述操作,将帮助你掌握一系列技能,你可以依靠它们来渡过情绪危机。

第 5 章

深度放松

应对情绪失控

本章中的技术可以迅速缓解你失控的情绪。在神经系统的诸多功能模式中,有两种是求生和放松。在求生模式下,神经系统会在你的身体里开启战斗、逃跑或僵住反应,这是人类最基础的保护机制,比如心跳加快和肌肉紧张加剧。与之相对的是,放松模式会引起一系列相反的反应,比如心率降低和肌肉紧张得到缓解,这有助你休息和放松。

你将在本章学到的身体调节技术会触发人体的生理反应,以此来开启放松。

☺ 暗示控制放松法

暗示控制放松法(Cue-controlled relaxation)是一种快速有效且简单的方法,可以帮助你缓解压力和肌肉紧张。暗示是帮助你放松的触发点或指令。在这种情况下,你的暗示会是一个词,如"放松"或"平和"。这项技术的目的是训练你的身体,让你在想到暗示词的

第5章
深度放松

时候可以释放肌肉张力。

最初,你需要一些引导来帮助自己释放身体内不同部位的肌张力。但是在你练习几周之后,只需要做几次缓慢的深呼吸并回想暗示词,就可以完成一次全身放松。通过练习,这可以成为帮助你快速放松的方法。在你开始练习之前,选择一个能帮助你放松的暗示词。

刚开始练习时,你要找一把舒服的椅子坐下。然后,在坚持练习几周之后,你就可以在任何地方进行练习,即使站着也可以。而且你会放松得更快。但首先,要在一处没人打扰的房间中选择一个舒适的座位坐下。你要确保自己免受任何因素的干扰。

在开始练习之前阅读以下说明。如果你觉得记起它们没什么难度,那就闭上眼睛开始放松练习。或者,如果你愿意的话,把这些文字说明转录成语音存在你的手机里。然后闭上眼睛,听自己制作的引导音频。

应对情绪失控

首先,坐在一张舒适的椅子上,双脚平放在地板上,双手放在椅子扶手或大腿上。闭上你的眼睛。用鼻子慢慢地深吸一口气。吸气时感觉腹部像气球一样膨胀。屏住5秒钟:1,2,3,4,5。

然后用嘴慢慢地呼气。感觉自己的腹部塌下去了,就像一个泄气的气球。

再一次,用鼻子慢慢地深吸一口气,能感觉到自己的腹部在膨胀。屏住5秒钟:1,2,3,4,5。然后用嘴慢慢呼气。

再来一次:用鼻子慢慢地深吸一口气,感觉自己的腹部在膨胀。屏住5秒钟:1,2,3,4,5。然后用嘴慢慢呼气。

现在开始慢慢地深呼吸,不要憋气,在接下来的练习中继续保持呼吸顺畅。

现在,你仍然闭着眼睛,想象一道白光从天上照射下来,像一束明亮的激光灯灯光,落在你的头顶上。注

第5章
深度放松

意光束给你带来的温暖和放松的感觉。这可能是来自宇宙的光,或者任何让你感觉舒服的力量。

当你继续平稳地呼吸时,慢慢地、长时间地呼吸,留意光线是如何让你感到越来越放松的,因为它一直照在你的头顶上。

现在,慢慢地,这道温暖的白光开始像水一样漫过你的头顶。在这个过程中,这道光开始缓解所有你能感觉到的头部肌肉紧张。

慢慢地,这道光开始顺着你的身体向下移动,当它扫过你的额头时,那里所有的肌肉张力都被释放了。然后白光继续扫过你的耳朵,你的后脑勺,你的眼睛、鼻子、嘴和下巴,继续释放这些部位肌肉存在的紧张感。你的额头上有种舒适、温暖的感觉。

现在,慢慢地,想象白光开始顺着你的脖子向下移动,扫过你的肩膀,释放所有肌肉里的紧张感。然后白光又慢慢地沿着你的双臂,以及前胸和后背向下移动。

应对情绪失控

你感受到上背部和下背部的肌肉在放松。当白光划过你的胸部和腹部时,你有种放松的感觉。随着白光沿手臂向下移动,从双手两侧滑到指尖,你感觉整个手臂的肌肉都放松了。

现在你感觉到,随着白光经过你的骨盆和臀部向下移动,紧张感正在被释放。再次,感觉白光像舒缓的水一样流过你的小腿,直到它包裹了你的双脚。当白光使你的身体感到温暖和放松时,你全身肌肉的紧张感都消失了。

当你继续缓慢、深长、流畅地呼吸,你感觉自己非常平静。留意自己的腹部在吸气时是如何膨胀,在呼气时又是如何收缩的。

现在,你继续这样呼吸,在吸气时默念"吸气",然后在呼出时默念"放松"(如果你的暗示词不是"放松",请在接下来的引导中使用你选择的暗示词)。

慢慢吸气并默念"吸气"。慢慢呼气并默念"放

第5章
深度放松

松"。当你这样做的时候,同时注意你的整个身体感觉放松。当你专注于暗示词时,你感觉身体里所有的肌肉张力都被释放了出来。

再次,吸气并默念"吸气"。呼气并默念"放松"。感觉到整个身体释放了所有的肌肉张力。再一次,吸气……默念"吸气"。呼气……默念"放松"。感觉自己身体里所有的压力都释放了。

按照你自己的节奏,继续呼吸和默念词语几分钟。每次呼吸时,留意自己的整个身体是多么的放松。当你开始走神时,把注意力重新集中到词语"吸气"和"放松"上。

每天练习两次暗示控制放松法,并记录你需要多长时间才能感到放松。通过练习,这种方法每次都能更快地帮你放松。再次提醒,请记住这项技术的最终目的是训练你的整个身体,当你想到暗示词,比如"放松"时

应对情绪失控

就能放松。这个方法只有规律地练习才会生效。

☺ 渐进式肌肉放松法

渐进式肌肉放松是一种系统地收紧和放松特定肌肉群的技术，主要功能为缓解焦虑、助你放松。这种方法是由精神科医生埃德蒙·雅各布森（Edmund Jacobson）在20世纪早期发明的，他的研究结果最终于1929年发表在其《渐进式肌肉放松》（*Progressive Relaxation*）一书中。通过定期练习，雅各布森精神科医生发现这种肌肉放松技术不仅可以即刻释放紧张感，而且还可以预防紧张，因为身体的肌肉不能同时放松和紧张。

大多数人都没有意识到他们身体内部的肌肉紧张。下次你在人群中时，可以注意一下有多少人在和他们身体的肌肉紧张做斗争。看看那些耸起的肩膀、僵硬的姿势、紧绷的下巴、紧握的拳头，还有各种愁容苦相。

第5章
深度放松

不幸的是，我们中的许多人已经习惯了我们的身体承载的压力，认为它是正常的。但无论是否正常，在大多数情况下，它仍然可以被纠正。

渐进式肌肉放松的重点是帮你认识到肌肉的紧绷感和放松感之间的区别。为了帮你更容易地辨识这些感觉，每次进行渐进式肌肉放松练习时请集中在绷紧和放松一小群肌肉上，一次一组。通过有意识地将你的肌肉群从紧张状态转换为放松状态，你将学会识别这两种状态之间的区别。之后，当你的肌肉处于紧张状态时，你就能更容易地发现并释放紧张感。

以下是练习步骤：

你可以从一只手开始，有条不紊地绷紧和放松几组肌肉。例如，从你的左手、手腕和前臂开始，之后是左上臂和左肩膀，然后移到你的前额，你的眼睛和脸颊，嘴和下巴，颈部，右手，手腕和前臂，等等。

当你绷紧每个肌肉群时，肌肉会收缩大约5秒钟，

应对情绪失控

然后迅速放松肌肉释放肌肉张力。重要的是你要尽可能快地释放张力,这样你才能更好地体会到放松的感觉。然后花15秒到30秒留意肌肉放松的感觉。

然后再次绷紧和放松同一组肌肉,继续注意紧绷感和放松感之间的区别。一般来说,每一组肌肉需要收紧和放松至少两次,但如果你需要额外关注某一组肌肉来帮助它们放松,你可以绷紧和放松它们至多5次。

你可以坐着或躺着练习渐进式肌肉放松。而且通过练习,你甚至可以在走路或站着的时候绷紧或放松一些肌肉。

当你练习放松肌肉的时候,可以选择一个暗示词。通过反复地将暗示词和放松肌肉的动作联系在一起,你最终可以练习仅用暗示词来放松肌肉,正如你学过的暗示控制放松法。

在开始练习渐进性肌肉放松之前,如果你患有任何疾病,需要特别留意一下。如果你目前有任何背部、颈部、

第5章
深度放松

关节或肩膀疼痛感,请格外小心。即使你的身体健康,但当你的背部、颈部和脚部肌肉出现紧张感时,也要小心。千万不要让这些部位太紧绷,否则会引起疼痛。

深度思考

当你在一段时间内定期练习一种新技能或技术时,你不仅会变得状态更好、身体更舒服,而且把这一技能变成了可以随需使用的工具。你也会开始注意到它的一系列影响。有时练习对你来说正是及时雨,有时又会感觉毫无用处。

在接下来的一周里,每天坚持练习本章中的一种放松技术。之后,在笔记本中记录一些你在练习中应该注意的方面以及它对你的影响。下周练习另一种技术,并再写一篇记录。思考当你遇到压力时,你会求助于哪一种技术(或者你可以两种都用)。坚持练习那种技术,每天为练习留出时间,并且一有需要就使用它。

第6章 尝试全然接纳

应对情绪失控

提高痛苦耐受的能力始于态度的改变。 你将需要一种叫作全然接纳的东西,这是一种看待生活的新方式。

通常,当一个人感到痛苦时,他的第一反应是生气或心烦意乱,或者是首先指责某人给自己造成了痛苦。但是,不幸的是,无论你将痛苦归咎于谁,痛苦仍然存在,你会继续受苦。事实上,在某些情境下,你越生气,你的痛苦感就会越强烈。

为某些状况生气或沮丧,也会使你看不清真正发生了什么。你是否听过一句俗语"被愤怒蒙蔽了双眼"?人们在情绪激动时往往会这样。不断批判自己或他人,或者总是带着评判的眼光看待事物,就像在室内戴墨镜一样。这样做的后果是,你会忽略许多细节,无法看到发生的事实全貌。在愤怒中认为某种状况不应该发生,会使你无视事情确实已经发生且需要你马上应对的要义。

对现实的否定会阻止你采取措施来改变现状。你无

第6章
尝试全然接纳

法改变过去。如果你花时间与过去抗争，寄希望于愤怒可以改变既成事实，那么你会变得麻木且无助并且什么都不会好起来。

那么你还能做什么呢？

有另一种选择——全然接纳，即认清你目前的处境，不管它是什么，不评判事件也不批评自己。试着承认，你现在的处境是由一连串早已发生的事件所致。

例如，前些天，你（或别人）认为你需要帮助以缓解你正在经历的痛苦情绪。所以，几天后你去书店买（或网购）了本书。然后，今天你想阅读这一章。最终你坐下来，翻开本书，开始阅读。于是，现在的你正在阅读你眼前的这句话。

否认这一系列事件并不能改变已经发生的事情。试图与当下抗争或认为事情不应该这样，只会给你带来更多困扰。全然接纳意味着审视自己和现状，看清它们的本来面貌。

应对情绪失控

请记住,全然接纳并**不**意味着你默许或赞同他人的不良行为。但这确实意味着,你不再试图用愤怒和指责来改变已经发生的事情。

例如,如果你处于一段受虐关系中,你必须离开它,那就离开。不要浪费时间,也不要继续由于指责自己或他人而受苦,那对你没有帮助。重新将注意力集中在你现在可以做的事情上。这将使你能够更清晰地思考并找出更好的方法来应对你的痛苦。

☺ 全然接纳的应对性陈述

为了帮助你开始使用全然接纳策略,用应对性陈述技术来提醒自己通常很管用。下面举几个例子。先确定你愿意用来提醒自己接受现状的陈述,确认导致现状的一连串事件链。在接下来的练习中,你将开始使用你选择的陈述。

"这就是它本来的样子。"

第6章
尝试全然接纳

"是所有过去发生的事件导致了现状。"

"我无法改变已经发生的事情。"

"和过去抗争是没有用的。"

"与过去抗争只会让我对现状视而不见。"

"现在是我唯一可以控制的时刻。"

"抵触已经发生了的事情是浪费时间。"

"此时此刻是完美的,即使我不喜欢此刻发生的事情。"

"基于之前已经发生的事件,事情当然应该是现在这样。"

"现状是千万个其他决定的结果。"

全然接纳意味着你完全接受某事,而不去评判它。例如,全然接纳当下,意味着你不会与它抗争,不会对它生气,也不会试图改变它的事实。

要全然接纳当下,你必须承认:当下是由你和他人过去所做的一连串事情和决定造成的。现状从来不是自

应对情绪失控

发凭空存在的,而是由以前已经发生的事件导致的。想象一下,你生命中的每一刻都像一排多米诺骨牌,环环相扣地受到撞击,依次倒下。

但请记住,全然接纳某事并不意味着你放弃努力且简单接受发生在你身上的所有糟糕事。有时生活中会出现不公,例如有人虐待或攻击你。但是对于生活中的其他情境,你至少承担着一些责任。你的责任和其他人的责任之间有一个平衡。

然而,许多困在情绪失控中的人常常觉得事情只是"降临"在他们身上,没有意识到自己在创造情境中所起的作用。结果,他们的第一反应就是愤怒。事实上,一位心理咨询来访者曾经告诉我,愤怒是她的"默认情绪",这意味着当她做回自己时,她就会很生气。过多的敌意使她伤害了自己,酗酒、自伤、不断地责备自己,这些行为导致她通过不断与他人争吵伤害了她在乎的人。

第6章
尝试全然接纳

相比之下，全然接纳当下能提供机会，让你认识到自己在现状的形成中所扮演的角色。因此，它也创造了一个机会，以一种对自己和他人来说都不那么痛苦的新方式来应对现状。

要在令人沮丧的事件中练习全然接纳，先暂停，并问自己一些根本性的问题，这会有所帮助。你也可以在平静时做这些练习。让我们现在就试试吧。

回忆你最近经历的一个令人痛苦的情境，然后回答下述问题。这将帮助你以一种新的方式全然接纳这种情境。

（1）在这个令人痛苦的情境里发生了什么？

（2）过去发生的哪些事件导致了这种情境？

（3）我在造成这种情境时扮演了什么角色？

（4）其他人在造成这种情境时扮演了什么角色？

（5）在这种情境里我能够控制什么？

（6）在这种情境里我不能够控制什么？

应对情绪失控

（7）我对这种情境的反应是什么？

（8）我的反应对我自己的想法和感受产生了哪些影响？

（9）我的反应如何影响了其他人的想法和感受？

（10）怎样才能改变我对这种情境的反应，从而减少自己和他人的痛苦？

（11）如果我曾经全然接纳这种情境，现状会有什么不同？

要记住，全然接纳也包括接受自己，这很重要。在这种情境下，全然接纳意味着拥抱真实的自己，不评判或批评自己。或者，换句话说，全然接纳自己意味着爱自己本来的样子，包括你所有的优点和缺点。

发现自己内心的善良可能是一项艰巨的挑战，尤其是当你正与情绪失控做斗争时。许多受情绪问题困扰的人总认为自己有缺陷、很坏或不值得被爱。结果，他们忽视了自己的优良品质，给自己的生活增添了更多的痛

第6章
尝试全然接纳

苦。这就是为什么全然接纳自己非常重要。

> **深度思考**
>
> 使用你在本章中学到的应对性陈述技术来练习全然接纳现状,不要评判或批评自己。以下是一些练习方法:
>
> 阅读报纸上有争议的故事,不要对已经发生的事情做出评判。
>
> 下次遇到交通拥堵时,请耐心等待,不要评判。
>
> 在电视上观看世界新闻,不要评判正在发生的事情。
>
> 收听广播中的新闻报道或政治评论,不要做出评判。
>
> 在你的笔记本中,写下这段经历。你能想出一些其他的方法来学会放下,并让世界成为它本来的样子吗?

第 7 章

活在当下

应对情绪失控

"时间旅行"是存在的，我们偶尔都这么旅行，但有些人比其他人更经常如此。"时间旅行者"每天把大部分时间花在思考他们昨天应该做的所有事情，过去所有出错的事情，以及他们明天应该做的所有事情。因此，他们活在过去或未来。他们很少关注此刻发生在他们身上的事情，所以他们错过了当下的生活——唯有当下这一刻才是真实的。任何人都只能真正地活在此刻。

通常，我们不会注意正发生在我们身上的事情。我们不会注意他人正在对我们说的话或我们正在阅读的内容。当我们走路时，我们甚至不会注意周围的人。更棘手的是，我们经常尝试同时做不止一件事情——比如开车、吃饭、发短信和打电话。结果，我们错过了生活给予我们的很多东西，而且我们经常使简单的情况变得更加复杂。

但更糟糕的是，没有活在当下也会让生活更加痛

第7章
活在当下

苦。例如,也许你预想与你交谈的人会说一些侮辱性的话,这让你感到生气——即使他甚至还没有说任何话!

或者,只是想到过去的事情,可能就会让你产生生理或情绪上的不适,然后干扰你在此刻想要做的事情。显然,这两种类型的"时间旅行"都会给你造成不必要的痛苦。

请尝试以下练习来帮助自己活在当下,更巧妙地耐受痛苦的事件。

你现在在哪里?

下次当你处于痛苦的情境时,问自己以下问题:

- 我现在在哪里?

应对情绪失控

- 我是否在"未来旅行",担心可能发生的事情,或计划可能发生的事情?
- 我是否在"穿越过去"、回顾错误、重温糟糕的经历,或思考如果是在不同状况下,我的生活会有什么不同?
- 我是否活在当下,真正地关注自己正在做什么、在想什么以及在感受什么?

如果你没有活在当下,请使用以下步骤重新将注意力集中到正发生在你身上的事情上:

- 请留意你在想什么并认识到你是否在"时间旅行"。把你的注意力带回到当下。
- 留意你的呼吸方式。缓慢、深长地呼吸,以

第7章

活在当下

帮助你重新专注于此刻。
- 留意你的身体感觉,并留意你可能正在经历的任何紧张或疼痛。认识到你的想法可能会如何影响你的感受。使用暗示控制放松法来释放所有的紧张感。
- 留意你可能因"时间旅行"而感受到的任何痛苦情绪,并使用一种痛苦耐受技术来帮助你缓解任何当下的痛苦。

倾听当下

这是另一个练习,可以帮助你重新专注于当下。请至少花五分钟来帮助自己重新集中注意力。用一个

应对情绪失控

计时器定时，这样你就可以真正地沉浸在当下。在开始此次练习之前，请阅读以下说明。如果你觉得记住它们毫不费力，请闭上眼睛开始练习。或者，如果你喜欢，可以用智能手机录下这段文字说明。然后闭上眼睛，聆听你自制的引导式放松技术音频。

你坐在舒适的椅子上。关闭所有让你转移注意力的东西，比如你的手机、收音机、电脑和电视，然后闭上你的眼睛。

用鼻子缓慢而深长地吸气，用嘴巴慢慢呼气。每次吸气时感到腹部像气球一样膨胀，每次呼气时感到它在收缩。

现在，继续呼吸，你只需倾听。聆听你在屋外、屋内和身体内听到的任何声音。数一数你听到

第7章
活在当下

的每一个声音。

当你转移注意力时,把注意力集中在倾听上。也许你会听到外面的汽车、人或飞机发出的声音。也许你会听到时钟滴答作响或风扇在屋里吹着风的声音。或者,你可能会听到自己的心脏在体内跳动的声音。积极而仔细地聆听环境中的声音,并尽可能多地数出每种声音。

这种倾听练习的变体形式可以帮助你在与他人交谈时专注于当下:如果你注意到自己开始走神并开始思考自己的过去或未来,请将注意力集中在对方穿戴的某个物件上,例如,他衬衫上的纽扣、他戴的帽子或穿的衬衫上的领子。让自己留意物件的颜色和外观。有时,这可以让你从"时间旅行"中

应对情绪失控

解脱出来。现在,继续聆听,如果你的思绪再次开始走神,请重复重新集中注意力的步骤,并尝试继续聆听对方所说的话。

专注一分钟

这个练习将帮助你更专注于当下。它做起来很简单,但往往会产生惊人的效果。它的目的是帮助你更加留意自己的时间感。在本项练习中,你需要一块带秒针的手表或一个智能手机上的秒表应用程序。

开始着手练习之前,请找一间几分钟内都不会受到打扰的房间,找一个舒适的位置坐下,并关掉所有会分散注意力的声音。开始使用手表或智能手

第7章
活在当下

机为自己计时。然后，无须读秒数或看手表，只需坐在原地即可。

当你认为已经过了一分钟时，请再次查看手表或让手机停止计时。请注意实际上已经过去了多少时间。

你给自己的时间是否实际上不到一分钟？如果是，那是多长时间：几秒、二十秒、四十秒？如果不足一分钟，请考虑这对你有何影响。你是否总是因为认为自己没有足够的时间而匆忙行事？如果是这样，这个练习的结果对你意味着什么？

或者，你给自己的时间是否实际上超过了一分钟？如果是这样，那是多长时间：一分半钟，两分钟？如果是这样，请考虑这对你有何影响。你是否经常约会迟到，因为你以为自己有比实际更多的时间？

应对情绪失控

如果是这样,这个练习的结果对你意味着什么?

　　无论结果如何,专注当下的目的之一,是帮助你更准确地觉察到自己每时每刻的体验,包括你对时间的感知。

深度思考

　　本章中的每个练习请至少尝试两次。然后参考下述提示,把你的体验写进笔记本:

- "你现在处于什么境地?"这个问题是否能帮助你处理令人痛苦的情境?如果你当时无法记住步骤,请试着只是问:"我现在在哪里?"之后深长且缓慢地呼吸两次,然后重复这个问题并深呼吸。
- 当你尝试其他练习时,你是否体验了当下?在精神和身体两方面,专注当下的感觉是什么样的?

第 8 章

使用正念

应对情绪失控

正念，以正念冥想闻名，是一种宝贵的技术，在世界各地已经传授了数千年。那么究竟什么是正念呢？就本书而言：正念是在不评判或批评自己、他人或自身经历的情况下，在当下意识到自己的想法、情绪、身体感觉和行为的能力。

你是否听过"活在当下"或"关注此刻"的表达？这些都是"注意发生在你身上和你周围的事情"的不同表达方式。但这有时并不是一件容易的事情。在任何时候，你都可能在思考、感受、感知和做许多不同的事情。事实是，没有人会一直保持百分之一百的专注。但是，你越能够学着专注，就越能够掌控自己的生活。

请记住，时间永远不会停止流逝，你生命中的每一秒都是不同的。因此，重要的是你要学会在每个当下保持觉知。

例如，当你读完这句话时，你开始阅读它的那一刻已经过去，与此刻不同了。事实上，此刻的你已经不

第8章
使用正念

同。你体内的细胞不断死亡和更替,所以在生理上你已经改变。同样重要的是,你的想法、感受、感觉和行动在每个情境下都不会完全相同,因为它们已经改变。因此,关键是你要学会觉察自己的体验,留意它在自己生命的每个时刻是如何变化的。

为了充分觉察自己当下的体验,你需要停止批评自己、你的处境和其他人。在辩证行为疗法中,这被称为全然接纳。如第6章所述,全然接纳意味着宽容某事而不评判或试图改变它。这很重要,因为如果你在当下评判自己、自身经历或其他人,那么你就无法真正专注于这一刻正在发生的事情。

例如,许多人花费大量时间担心自己曾经犯过的错误或将来可能犯的错误。但是当他们这样担心的时候,关注的焦点就不再是当下发生在自己身上的事情,他们的心思在别处。因此,他们一直生活在痛苦的过去或未来,深感人生多艰。

应对情绪失控

所以说，正念是一种通过不评判自己、他人或自身经历，时刻觉察自己当下的想法、情绪、身体感觉和行为的能力。

☺ 对情绪的正念觉察

对情绪的正念觉察始于专注呼吸——集中注意力感受空气从鼻孔吸入，从嘴里呼出，肺部被充满或排空的过程。然后，经过四五次缓慢的深呼吸后，将注意力转移到当下的情绪感受上。从单纯留意自身感受是好还是坏开始。你的基本内在感受是快乐还是不快乐？

然后，看你是否可以更细致地觉察自己的情绪。用哪个词最能描述这种感觉？

继续觉察这种感受，同时继续跟自己描述觉察到的东西。留意各种感受之间的细微差别，或许还交织着其他的情绪线索。例如，有时候悲伤里带有一缕焦虑甚至愤怒。有时羞耻感与失落或怨恨交织在一起。你还需要

第8章
使用正念

觉察情绪的强度,并在觉察的同时辨别它如何变化。

如果你很难确认自己当下所感受到的情绪,你仍然可以通过回顾近期感受的某一种情绪来完成这个练习。

既然你选择觉察一种情绪,那么一旦情绪被清楚地识别出来,就请坚持留意它。不断向自己描述你所感受到的情绪的数量、强度或类型的变化。在理想情况下,你应该觉察这种情绪,直到它在数量或强度上发生显著变化,并且你应该能对情绪波动有所意识。

在觉察自己的感受时,你还会留意到一些想法或其他干扰,它们在试图转移你的注意力。这是正常的。每当你走神时,尽最大的努力把自己的注意力带回到情绪上就好。保持住,直到你坚持了足够长的时间来觉察自己情绪的增长和消退。

当你学会了用正念观察一种感受,就会形成两个重要的认识。一是意识到所有的感受都有一个自然生命周期。如果你持续觉察自己的情绪,它们会达到顶峰并逐

应对情绪失控

渐消退。

第二个认识是，仅仅是描述自我感受就可以使你在一定程度上控制它们。描述自我情绪常常可以在它们周围建立一个保护层，从而防止它们压垮你。

现在让我们慢慢地体验一次练习正念情绪觉察的步骤。首先，完整阅读说明来帮助自己预先熟悉这些步骤。如果你认为听引导音频会让你在练习时更舒服，请以缓慢、平稳的声音朗读说明，并用你的智能手机录下来。如果你要录引导音频，请在每个段落之间暂停，给自己留出足够时间，以便能充分体验该过程。

缓慢地深呼吸，留意空气从鼻子进入，经过喉咙后部，进入肺部的感觉。再吸一口气，观察吸气和呼气时身体的感受。保持呼吸和觉察。当你呼吸时，继续留意自己身体的感受（停顿一分钟）。

现在把你的注意力转移到你的情绪上。向内看，找

第 8 章
使用正念

到你此刻正在体验的情绪。或者找一种你最近感受到的情绪。留意这种情绪是令人愉快的,还是不愉快的。只把注意力放在感受上,直到你对它有所了解(停顿一分钟)。

现在开始用语言来描述这种情绪。例如,是兴高采烈、满足还是兴奋?是悲伤、焦虑、羞耻还是失落?不管它是什么,继续觉察和描述你脑海中的情绪。留意这些感受的变化,并描述不同之处。如果你转移注意力或受到了任何干扰,请尽最大努力放下它们,不要被它们困住。请留意你的感受是在增强还是减弱,并描述它是什么样的(停顿一分钟)。

继续觉察自己的情绪并摆脱干扰。不断寻找词语来描述你的感受在数量或强度上的变化,即使是最细微的变化。如果其中开始掺杂其他情绪,请继续描述它们。如果你的情绪变成了一种全新的情绪,请继续觉察它,并找到语言来描述它(停顿一分钟)。

应对情绪失控

想法、身体的感觉和其他干扰会试图吸引你的注意力。留意到它们，放下它们，让你的注意力回到正在觉察的情绪上。保持住，继续觉察它。持续这样做，直到你观察到情绪发生变化或减弱。

> **深度思考**
>
> 在接下来的至少两周时间里，选择一项或多项正念技术每天练习。你打算练习哪项？在何时、何地、持续练习多长时间？制订练习计划，包括时间安排和提醒设置，这将使你更有可能成功完成正念练习。
>
> 在你坚持练习正念技术数周之后，再回去重新体验上一章的"专注一分钟"练习。你对时间的感知是否有所改变？

第 9 章

正念呼吸

应对情绪失控

很多时候，当你受自身想法和其他刺激干扰时，你能采取的最简单、最有效的办法之一就是将注意力集中在呼吸的起伏上。这种觉察还会使你呼吸得更慢、更深，这可以帮助你放松。

为了能正念地呼吸，你要留意三个方面的体验。

第一，你必须给你的呼吸计数。这将有助于你集中注意力，也能帮你在转移注意力时平静下来。

第二，你需要专注于呼吸时的身体体验。这是通过觉察吸气和呼气时胸部和腹部的起伏来完成的。

第三，你需要留意在呼吸时出现的任何令人转移注意力的想法。然后你需要放下这些想法，不要被它们困住。放下分散注意力的想法将使你重新将注意力集中在呼吸上，并帮助你进一步使自己平静。

以下正念呼吸练习将帮助你学会将自己的想法与情绪和身体感觉分开。首先，请完整通读说明以熟悉练习的过程。如果你认为听着音频来引导练习会更舒

第9章
正念呼吸

服，请以缓慢、平稳的声音朗读说明，并用智能手机录下来使用。

在你第一次尝试这个练习时，练3分钟到5分钟。之后，随着你越来越习惯使用这种技术，尝试每次练习10分钟到15分钟。这是一项如此简单而强大的技能，在理想情况下，你应该每天练习。

首先，在房间里找个舒适的地方坐下，确保你在设置好计时器后不会被打扰。关掉任何会使你转移注意力的声音。如果闭眼会让你感觉舒适，就闭上眼睛以助放松。

首先，做几次缓慢、深长的呼吸并放松。将一只手放在腹部上。现在用鼻子慢慢吸气，然后用嘴慢慢呼气。呼吸时感受腹部的起伏。

想象一下，当你吸气时，腹部像气球一样充满空气，然后在你呼气时感觉它毫不费力地泄气。感受空气

应对情绪失控

穿过鼻孔吸入,然后经嘴唇呼出,就像你在吹蜡烛一样。

在呼吸时注意身体的感受。当你的横膈膜肌肉扩张并使肺部充满空气时,你感觉腹部在移动。留意自己的体重对所坐的表面产生的压感。每呼吸一次,你的身体感觉越来越放松。

现在,你继续呼吸,并在每次呼气时计数。你可以默默地数,也可以数出声。数呼气的次数,每当数到4次之后,再从1开始从头数。

首先,通过鼻子慢慢吸气,然后通过嘴慢慢呼气。数1。再次用鼻子慢慢吸气,再用嘴慢慢吐气。数2。重复,用鼻子慢慢吸气,然后慢慢呼气。数3。最后一次——用鼻子吸气,用嘴巴呼气。数4。现在再次从1开始数。

但是这一次,你在继续数数时要偶尔将注意力转移到呼吸方式上。注意吸气和呼气时胸部和腹部的起伏。再一次,感受气息通过你的鼻子进入,然后慢慢地通过

第9章
正念呼吸

你的嘴排出。

如果你愿意,将另一只手放在腹部,感受呼吸的起伏。在缓慢、深长地呼吸时继续数数。吸气时感觉腹部像气球一样膨胀,呼气时感觉腹部收缩。继续在计数和呼吸时的身体感觉之间来回切换你的注意力。

现在,开始留意所有使你从呼吸中转移注意力的念头或其他干扰。这些干扰可能是记忆、声音、身体感觉或情绪。当你开始走神,并且发现自己在想其他事情时,请重新将注意力放回到数呼吸次数上。或者将你的注意力转移到对呼吸时的身体感觉上。

尽量不要因为转移注意力而批评自己。继续缓慢、长时间地吸气和呼气。想象像打气球一样用空气填满你的肚子。感觉它随着每次吸气而上升,随着每次呼气而下降。继续数每一次呼吸,随着每一次呼气,感觉你的身体越来越深入地放松。

持续这样呼吸直到计时器闹铃声响起。继续数呼吸

应对情绪失控

次数，注意你呼吸时的身体感觉，并放下任何让人转移注意力的想法或其他刺激。然后，当近一分钟的闹钟声停止时，慢慢睁开眼睛，让注意力回到眼前的房间。[1]

😊 慢速呼吸[2]

你已经学会了如何使用正念呼吸作为一种技能来帮助你在当下保持专注。但是，当你感到痛苦和焦虑时，调节呼吸的总体速度也可以帮助你放松。

接下来你将学习的慢速呼吸是一种耐痛技术，你可以每天练习3分钟到5分钟。但别担心，你不会一整天

---

[1] 练习正念呼吸没有统一的时间要求，初学者可以从每次至少3分钟开始，能完成的话再根据时间充裕程度酌情加长时间。——译者注

[2] 慢速呼吸和正念呼吸是并列关系。慢速呼吸的主要目的是放松，但正念意在专注当下，而不一定是放松的。二者独立，但互有交叉，也可以结合使用。——译者注

第9章
正念呼吸

都这么缓慢地呼吸，只需将它视作另一种有助耐受痛苦的技能来练习。你应该在情绪激动真正需要它之前，在平静的氛围下练习，最终才能用得上。通过充分练习，你将能够在非常紧张的情境下使用这项应对技术。

如果你在练习过程中感到头晕眼花，甚至昏厥，或感觉到嘴唇或指尖刺痛（此类感觉通常表示换气过度，意味着你呼吸得过快），请立即停止练习，并使你的呼吸频率恢复正常。稍后再尝试该技术，一旦你感觉稳定了，就让呼吸慢下来。

先从头到尾阅读说明以熟悉练习的程序。如果你认为听音频来练习技术会更舒服，请以缓慢、平稳的声音朗读说明，并用智能手机录音，在你准备好时播放。

首先，在房间里找个舒适的地方坐下，确保你在设置好计时器后不会被打扰。关掉任何会使你分心的声音。做几次缓慢、深长的呼吸，然后放松。

应对情绪失控

将一只手放在腹部上。现在用鼻子慢慢吸气,然后用嘴慢慢呼气。呼吸时感受腹部的起伏。想象一下,当你吸气时,腹部像气球一样充满空气,然后在你呼气时感觉它毫不费力地泄气。感受空气穿过鼻孔吸入,然后经嘴唇呼出,就像你在吹灭生日蜡烛一样。

现在,你继续呼吸,并开始计算自己吸气和呼气的长度。看着你的计时器时,默默地为自己计数。当你慢慢吸气时,默念:吸气,2。然后当你开始呼气时,默念:呼气,2,3,4。然后再次开始这个模式:吸气,2。呼气,2,3,4。吸气,2。呼气,2,3,4。

继续默默地调整你的呼吸速度,尽你最大的努力缓慢、稳定地呼吸。尽量不要呼吸太快。请记住,吸气时不必达到肺活量极限。相反,想象气息缓缓地从你的腹部进进出出,像打气球一样轻轻地注满空气。

吸气,2。呼气,2,3,4。吸气,2。呼气,2,3,4。吸气,2。呼气,2,3,4。

第9章
正念呼吸

如果你分神了，或者把呼吸的次数数乱了，只需轻轻地将注意力转回到腹部的气息吐纳就好，或者重新专注于你的计数。

吸气，2。呼气，2，3，4。吸气，2。呼气，2，3，4。吸气，2。呼气，2，3，4。

保持这样的呼吸直到计时结束，然后慢慢地将注意力移回到房间里。

深度思考

一旦你感觉自己有很不错的慢速呼吸或正念呼吸的能力，就要计划尝试实践。也就是说，当你在下一周遇到压力时，使用其中任意一种呼吸技术，并同时使用REST策略。

之后，当你能抽出些时间时，请在笔记本中写下这段体验。将正念呼吸技术与REST策略结合使用，会比其他方式更能帮助你有效地应对痛苦情境吗？

第 10 章

智慧心冥想

应对情绪失控

智慧心是指在生活中为自己做出健康决策的能力。"智慧心"这个词语描述的是一个人同时意识到两件事的能力：第一，他正在经历苦难（疾病、情绪失控或不健康行为的后果）；第二，他仍想变得健康并且有改变的潜力。

辩证行为疗法认为，一个人必须在接纳痛苦的同时积极采取行动以减轻疼痛。

在辩证行为疗法中，实现这一目标的主要工具也是运用智慧心，即同时基于你的理性和情绪做出决定的能力。这听起来似乎很容易办到，但让我们来研究一下人们经常陷入的一些陷阱。

当你全凭自身感受做出判断或决定时，情绪心就会出现。但请记住，情绪本身并不是坏的或不合理的。我们都需要有情绪才能健康地活着。但当你的生活被情绪控制时，情绪方面的问题就来了。这个陷阱对于那些有着情绪失控问题的人来说尤其危险，因为情绪扭曲了你的

第10章
智慧心冥想

想法和判断，从而使你很难为自己的生活做出健康决定。

情绪的反面是理性。理性是决策加工过程的一部分，它分析每个情境里的事实，清晰地思考正在发生的事情，考虑细节，然后做出理性的决定。

显然，理性帮助我们解决问题，并做出日常决定。但是，和情绪一样，过多的理性思考也会成为一个问题。我们都听过关于一位聪明人的故事，他不知道如何表达自己的情绪，于是过着非常孤独的生活。为了过上充实、健康的生活，平衡也是必需的。但是对于那些有着情绪失控问题的人来说，平衡情绪和理性通常很难。

此问题的解决之道，是用智慧心为生活做出健康的决定。智慧心是情绪心和理性心共同作用的结果，在情绪和理性思维之间形成了一种平衡。

☺ 智慧心和直觉

根据辩证行为疗法，智慧心类似于直觉。通常，直

应对情绪失控

觉和智慧都被描述为来自肺腑或肚子的感受。下面的练习将帮助你更深入地探索来自身体和心理的直觉。这项练习将帮助你在自己身体里找到智慧心的位置。很多人认为,他们正是通过此处知道自己该做什么,并对自己的生活做出明智决定。

有趣的是,直觉这种现象有望得到科学证据的支持。研究人员发现,人的消化系统覆盖着巨大的神经网络。这个神经网络的复杂性仅次于人脑,所以一些研究人员将这个区域称为肠脑,也就是肚子里的大脑。

☺ 智慧心冥想

当你开始使用这项技术时,用计时器定时到3分钟至5分钟,练习这项技术直到闹铃响起。然后,随着你越来越习惯使用这种技术,就可以加长每次练习的时间,比如到10分钟或15分钟。如果你觉得听着冥想导引做练习更舒服,那就用缓慢、平稳的声音朗读导引,

第10章
智慧心冥想

并用智能手机录下语音,这样你就可以听着录音来练习这项技术。

首先,在房间里选个舒适的位置坐下。确保在这里,一旦你开始计时,就不会被打扰。关掉任何会使你分心的声音。如果你觉得闭上眼睛会很舒服,那就闭眼,以助放松。

现在,在你的胸腔找到胸骨的底部。你可以通过触摸胸部中间的骨头,然后沿着它向下往腹部移动,直到胸骨的末端来定位。现在将一只手放在胸骨底部和肚脐之间的腹部,这是智慧心的位置。

做几次缓慢的深呼吸,然后放松。现在用鼻子慢慢吸气,然后用嘴慢慢呼气。在呼吸时感受腹部的起伏。想象一下,当你吸气时,腹部就像气球一样在充满空气,然后当你呼气时,就像是气球在泄气。

感受气息穿过你的鼻孔吸入,然后穿过嘴唇呼出,

应对情绪失控

就像在吹蜡烛一样。当你呼吸时,注意身体里的所有感受。感受肺部被空气充满。留意身体由于自重压在所坐座位上的感觉。每次呼吸时,留意身体的感觉,让身体变得越来越放松。

现在,当你继续呼吸时,让注意力集中在手和身体接触的位置,也就是让注意力集中在智慧心的位置。继续缓慢而深长地呼吸。如果你有任何令人转移注意力的想法,请让这些想法离开你,不要与它们做斗争,也不要被它们困住。继续呼吸并专注于智慧心所在的部位。感受你的手放在你的胃部。[1]

当你把注意力集中在智慧心所在的区域时,留意脑海里出现了什么。如果你有任何烦恼、问题或需要在生活中做出的决定,请考虑几秒钟。

---

[1] 因为手放在胸骨末端和肚脐之间的腹部,这是智慧心的位置。想象中智慧心的位置大致是在胃部。——译者注

第10章
智慧心冥想

然后,问问自己的智慧心,你应该如何处理这些问题。向自己的内在直觉寻求指引,然后留意从智慧心中产生的想法或解决方案。不要评判你得到的任何答案。只需将它们记下来并保持呼吸即可。继续将注意力集中在智慧心的位置。如果你对问题没有任何想法或答案,请继续呼吸。

现在,继续留意你呼吸时的身体起伏。保持呼吸,将注意力集中到智慧心的位置,直到计时器的闹铃响起。然后,在你完成时慢慢睁开眼睛,让注意力重新回到你所在的房间里。

😊 做出明智决定

既然你已经练习了定位自己的智慧心,你就可以在做出决定之前留意身体的那个区域。这可以帮助你确认一项决定是否正确。要做到这一点,只需想着你打算采取的行动,并将注意力集中在智慧心的位置。

应对情绪失控

然后想想你的智慧心告诉了你什么。你做出决定后感觉良好吗？如果你感觉很好，那么也许你应该这样做。如果你感觉这不是一个好决定，那么也许你应该考虑其他选择。

学着为自己的生活做出可靠、正确的决定，是贯穿一生、不断长进的过程，而且这方面没有唯一的解决方法。用自己的智慧心来确认决定是否正确，只是一种对某些人有效的方式。

但是，需要注意的是，当你第一次使用智慧心对你的生活做出决定时，可能很难区分用直觉决定和用情绪心的旧习惯来决定之间的不同。你可以通过三种方式来识别它们的差异：

（1）当你做出决定时，你是否同时考虑了自己的情绪和实际情况？ 或者说，你的决定同时是基于感性思维和理性思维做出的吗？如果你没有考虑到情况的事实，而是被你的情绪所控制，那么你就没有使用明智的

第10章
智慧心冥想

头脑。有时,我们需要让情绪稳定下来,然后才能做出正确的决定。如果你刚刚陷入了非常情绪化的状态,无论它是好是坏,都要给自己足够的时间让炽热的情绪冷静下来,这样你就可以依靠自己的理性。

(2)你感觉这个决定正确吗? 在你做出决定之前,请和你的智慧心确认,并注意它的感觉。如果你在用智慧心确认时感到紧张,那么你即将做出的决定就可能不好或不安全。但是,也许你感到紧张只是为在做件新鲜事感到兴奋,这可能是一件好事。有时它很难辨别,这就是为什么用理性来做决定也很重要。以后,当你有了为自己的生活做健康决定的更多经验,就会更容易区分有益的紧张感和无益的紧张感。

(3)你是否确认过自己的决定的结果? 如果你的决定为生活带来了有益的结果,那么你很可能会使用明智的头脑来做出该决定。当你开始使用智慧心时,请时刻关注自己的决定和结果,以确定自己是否真的在使用

应对情绪失控

智慧心。请记住，明智的头脑应该帮助你在生活中做出健康的决定。

> **深度思考**
>
> 在你的笔记本中，用智慧心作为标准来评估你最近做的决定是否是明智的选择：
> - 描述你的决策为什么能平衡或不能平衡现实和情绪。
> - 写下你感觉它合适或不合适的原因。
> - 考虑一下结果是否总体上是有益的。

第 11 章

增加积极的
情绪体验

应对情绪失控

近年来,健康心理学家开始更深入地研究积极的情绪和态度,以及它们在促进健康方面的作用。积极心理健康的大量研究,建立在心理学家戈登·奥尔波特(Gordon Allport)和亚伯拉罕·马斯洛(Abraham Maslow)在20世纪60年代的研究基础上,并一直延续到今天。它的研究动机在很大程度上是出于对培养人类能力和开发潜能的兴趣。在这个主题下最令人感兴趣的是:自古以来,一直把提升人类潜能作为主要目标的冥想训练。

当代健康心理学家和研究人员肖娜·夏彼罗(Shauna L.Shapiro)和盖瑞·施瓦茨(Gary E. R. Schwartz)撰写了关于冥想的积极影响的文章。他们指出,正念是关于人如何控制注意力的方法。夏彼罗和施瓦茨列举了五种"心"品质,可以纳入正念冥想练习中以增加积极情绪:感恩、温柔、慷慨、共情和慈爱。

特别是慈爱,可以对练习正念技术有很大的帮助。

第11章
增加积极的情绪体验

你需要做的就是,认可并怀着慈悲和仁爱的感觉,并将它们融入控制注意力的过程里。你如同在慈爱中安住,在专注中融入慈悲和仁爱,这样做可以使你免受习惯性评判和批评的影响,支持你真正做到不评判。

😀 慈爱

以下是一个简短的冥想练习,以培养对自己和他人慈爱的能力。你可以随时随地练习,尝试将其作为任何正式正念练习的导引。如果你感觉边听导引边跟着练习会更舒服,请以缓慢而平稳的声音朗读导引词,并用智能手机录下来,以便你可以跟着录音练习此技术。

选一个舒适的姿势。将注意力集中在呼吸或身体上。允许自己与你对他人的仁慈的自然内在感受相连接,并在自我感觉安全的前提下让心态尽可能地开放且柔软(停顿一分钟)。

应对情绪失控

现在将注意力转移到自己身上。它可能是对整个自我的感觉,也可能是需要关心和关注的某个部分,例如身体受伤或患病部位或情绪痛苦的感觉。想象一下,温柔而安静地对自己说话,就像一位母亲对她受惊或受伤的孩子说话一样。使用诸如"愿我安全并受到保护""愿我快乐""愿我健康平安"或"愿我轻松度日"之类的短语,或者自己编写一个短语。你选择的短语应该是任何人都喜欢的(安全、轻松、快乐等)。选择一个适合你的。它可以是单个短语。然后在每次这样自我对话时,全心全意地投入其中。让自己全身心沉浸在仁爱和慈悲的感觉里(停顿一分钟)。

通过对自己重复念这些短语来练习,就像给婴儿唱摇篮曲一样。你想练习多久,就练习多久。开始时每次只练习几分钟,然后逐渐加长每次练习的时间,这样可能会有所帮助。在你愿意时,可以将注意力转移到朋友或你认识的遇到麻烦的人身上。你还可以关注人群,例

第11章
增加积极的情绪体验

如"我所有的朋友"或"我所有的兄弟姐妹"(停顿一分钟)。

你也可以尝试对着生活中难相处的人练习。试着向他们发送善意和你希望他们快乐的愿望,并观察自己的内心反应。对难相处的人施以爱心,不是让他们虐待或伤害你,而是试图看到他们也是寻求幸福的人。这可以改变你与自己当下境况的关系,让你摆脱可能怀有的任何怨恨。

请注意,在做慈爱冥想时,你可能会体验到许多不同的感受,有些甚至可能令人不安,例如悲伤或愤怒。如果发生这种情况,你要明白你并没有犯错。当一个人练习慈爱技术时,深藏的情绪得到释放是很常见的。这种释放其实本身就是一种疗愈。只需注意你所有的感受,尊重每一个感受,并继续你的练习。

应对情绪失控

☺ 自我慈悲

对他人慈悲意味着认识到这个人处于痛苦中并需要帮助。同样,当我们对他人表示慈悲时,我们会善待他们,而不会因为他们的处境或感受评判他们——不论这是谁的错。然而,对于我们许多人来说,帮助和原谅他人——甚至是完全陌生的人——往往比善待自己更容易。那么,为什么对他人慈悲容易得多,而对自己慈悲却更难呢?

也许你认为其他人比你更值得帮助和尊重。

也许你认为你做了太多错事,没有人能原谅你,你不配得到慈悲的对待。

也许你害怕承认自己正处于痛苦之中,因为你害怕被痛苦压倒。

也许你认为原谅自己和原谅自己的行为就等于为自己的行为找借口。

第11章
增加积极的情绪体验

或者也许过去没有人对你有慈悲心,所以你认为你有问题。

事实上,这些说法都不是真的。想象一下,如果你最亲爱的朋友或家人来找你,对你说:"我不值得慈悲,因为我(填写上面的陈述之一)",你可能会不认同他的观点,并试图说服他。同样,现在是时候开始对自己慈悲,承认自己应该得到善意和帮助,就像其他人一样。

不论是什么信念让你久困其中,对自己充满慈悲是你在本书中能学到的最重要的技能之一。你需要对自我慈悲,以使你的生活发生持久的改善。每一种自助工作——无论是从治疗师那里得到帮助,还是使用本书,都是从自我慈悲开始的。自我慈悲是一种信念,你应该像其他人一样得到仁慈、宽恕和帮助。

事实是,我们每个人在生活中都会犯错,其中一些错误不幸伤害了我们自己或他人。然而,继续为自己所

应对情绪失控

犯的错误惩罚自己是没有帮助的，那只会使情况更糟。

在许多方面，自我慈悲需要全然接纳。记住，全然接纳是一种技术，它能让你放下评判，承认你的生活中实际发生的事情是由于很长的一连串事件所致。自我慈悲也需要你做同样的事。

是时候承认你就是你自己了，有着不可改变的经历，仍然应该得到宁静、安全、健康和幸福。从现在开始，你可以从根本上接受自己过去所犯的所有错误，开始在生活中做出更健康、基于价值观的决定。因为你应该得到幸福和宽恕，就像其他人一样！

你值得得到慈悲还有一个更重要的原因：因为你在生活中经历了巨大的痛苦。你经历了创伤。你可能在某个时候经历过被拒绝或抛弃。你面临着生理上的痛苦和疾病。当你迫切渴望的事情没有发生的时候，你可能会失望。

你在童年很可能也遭受过类似的伤害和重大创伤，

第11章
增加积极的情绪体验

那些经历的记忆可能仍然会给你的生活留下阴影。另外,你可能遭受过羞耻、悲伤和恐惧的痛苦——这些痛苦的感觉现在继续出现在你的生活中。

你值得得到慈悲,因为你不得不面对你那份痛苦和挣扎。你不会对另一个遭受这种痛苦的人,乃至一个陌生人慈悲吗?那么,你不应该给自己同样的慈悲吗?

使用以下冥想练习来发展和强化自我慈悲技能。一旦有自我关怀的机会,要有规律地坚持每天练习,比如在犯错时原谅自己、选择健康的零食、对自己的决定(或犹豫不决)有耐心。

☺ 自我慈悲冥想

用自我慈悲冥想来培养和增强自我关爱和接纳的能力。首先,用正念呼吸来帮助自己放松和集中注意力。与本书中的其他冥想练习一样,先通读说明,让自己熟悉它的体验过程。如果你觉得在练习这项技术的时候听

应对情绪失控

指令会更舒服，那就用你的智能手机录一段语调舒缓、平稳的引导音频。

在不会被打扰的房间找一个舒适的地方坐下，关掉所有让人分心的声音。如果闭眼会让你感觉舒适，就闭上眼睛以助放松。

首先，做几次缓慢、深长的呼吸并放松。将一只手放在腹部。现在用鼻子慢慢吸气，然后用嘴慢慢呼气。感觉你的腹部在呼吸时起伏。想象一下，当你吸气时，你的腹部像气球一样充满空气，然后当你呼气时感觉它在泄气。感受空气穿过鼻孔吸入，然后经嘴唇呼出。当你呼吸时，注意你身体的感受。感觉肺部充满了空气。注意身体由于自重压在所坐座位上的感觉。每次呼吸，注意你的身体感觉越来越放松（暂停30秒）。

现在，当你继续呼吸时，开始计算每次呼气的次数。你可以自己默默地数，也可以大声地数。每次呼气都要数到4，然后再开始数1。首先，用鼻子慢慢吸

第11章
增加积极的情绪体验

气,然后用嘴慢慢呼气。数 1 。再次,用鼻子慢慢吸气,用嘴慢慢呼气。数2。重复,用鼻子慢慢吸气,然后慢慢呼气。数 3 。再次用鼻子吸气,用嘴呼气。数 4。现在再从1开始数数(暂停30秒)。

现在把注意力转向自身,留意此时此刻的感官世界。你生活在这个身体里,要留意自己的呼吸,自己的生命力。保持这种觉知,在每次呼气时,慢慢地重复下列短语(无论是无声的还是大声的):

"愿我平和。"

"愿我平安。

"愿我健康。

"愿我快乐,免于痛苦。"

现在再重复这些短语两三次或更多次,每次都更加深入地理解它们的含义。允许自己感受并接受自己的慈悲心(如果你在制作录音的话,就要把上面那些短语再重复念两到三次)。

应对情绪失控

最后,当你结束练习,再做几次缓慢的呼吸,安静地休息,感受你对自己的善意和慈悲心。

深度思考

在笔记本里回答以下问题:

- 当你读到你值得被慈悲地对待,并且被允许和鼓励给予自己慈悲的短语时,你有什么想法和感受?
- 当你练习使用各种结构化的冥想来感受对他人的关爱或对自己的慈悲时,会发生什么?
- 你认为你是否愿意继续练习这些技能,并了解将会发生什么?

第 12 章

临场应对

应对情绪失控

通常，经历情绪失控的人们会一遍又一遍地经历类似的痛苦情境。因此，从某种意义上说，这些情况是可以预见的。在本章，你将确认过去的情况是什么样（并将继续怎么样），你如何应对它们，以及由此引发的不健康后果是什么。然后，如果将来再遇到类似情况，你可以使用哪些新的应对策略。你还将探索使用这些新策略可能带来的积极影响。

☺ 自我鼓励的应对性思维

生命中有许多灰暗时刻，此时，我们都需要听到一些鼓舞人心的话来保持动力，或帮助我们承受正在经历的痛苦。但是，当你孤身一人时，也会面临这样的灰暗时刻——你得鼓励自己坚强。通常，这可以通过自我鼓励的应对性思维来完成。

应对性思维会提醒你，从过去的痛苦情境中幸存下来的你是多么坚强，它们也会提醒你记得那些曾经给过

第12章
临场应对

你力量的令人鼓舞的话语。当你第一次注意到自己感到烦躁、紧张、生气或不安时，应对性思维尤其有用。如果能及早意识到自己的痛苦，你将有更多机会使用应对性思维来安抚自己。也许你的生活中甚至会有规律地出现某些状况，你可以预见应对性思维何时可能会有帮助。

这里列出了被许多人认为有效的应对性思维。记下对你有帮助的那些想法，并创建适合自己的想法清单。

"这种情况不会永远持续下去。"

"我已经经历过许多其他痛苦的经历，但我活了下来。"

"这也会过去的。"

"我现在感觉很不舒服，但我可以接受。"

"我会焦虑，但我仍然可以应付这种情况。"

"我有足够的力量来处理现在发生在我身上的事情。"

"这是我学习如何应对恐惧的机会。"

应对情绪失控

"我可以解决这个问题,不让它影响我。"

"我现在有充足的时间来放下和放松。"

"我曾经在其他类似的状况下调整过来,这次我也能克服这种状况调整过来。"

"我的_____(焦虑、恐惧、悲伤等)无法杀死我,只是让我现在感觉不太好。"

"这些都只是我的感觉,最终它们会消退。"

"有时感到_____(焦虑、恐惧、悲伤等)是正常的。"

"我的想法不能控制我的生活,但我能。"

"只要我愿意,我就可以换一种思路看问题。"

"我现在没有危险。"

"那又怎样?"

"这种状况是很糟糕,但这只是暂时的。"

"我很坚强,我可以克服它。"

应对性思维可以给你力量和动力来耐受这些痛苦,

第12章
临场应对

从而帮助你忍受那些令人痛苦的情境。

现在你已经了解应对性思维,不妨马上开始使用它。在便利贴上写下你最喜欢的五条应对性思维的想法,然后将它们放入钱包或贴在你每天都能看到的醒目位置,例如冰箱或浴室镜子上。或者,如果你希望随身携带它们,请把它们存在智能手机的记事本应用程序里。你越是经常看到这些应对性思维的想法,它们就会越快成为你自动思维①过程的一部分。

记录一些有压力的情境,在这些情境下你可以运用应对性思维来给自己力量。对你来说,事后把经历快速记下来,可能会有些尴尬或不方便,但这样做会帮助你记得更多使用自我鼓励的应对性思维。

---

① 自动思维指的是大脑不需要经过思考,下意识自动地快速做出的思维反应过程。——译者注

应对情绪失控

☺ 独自应对或与他人合作

当你独自一人或与其他人在一起时,你很可能需要使用不同的应对策略。例如,当你正独处并感到不知所措时,用暗示控制放松法或正念呼吸技术来自我安抚可能最有效。但是当有其他人在场时,前面这些方法可能会令人尴尬或不可行。因此,你需要为有他人在场的情境准备好其他技术,例如"游戏暂停"或使用应对性思维。

深度思考

从以往令人痛苦的情境中选出四种,并确认当时自己是如何应对的。识别自己使用的不健康的应对策略,及其对你和其他任何相关人员造成的不良后果。然后,记录本书中有哪些新技术可以作为更健康的方式去应对那些情境。最后请思考,如果你使用新的应对策略,可能会产生哪些更健康的影响。

情绪管理笔记

当你情绪失控时,可借助的最佳急救工具是REST策略(参见第2章)。REST练习让你有机会使用自己的应对技术。在下面的空格中,列出对你最有效的应对技术(包括它们对应本书的页码),并在你需要使用REST策略、应对方法(接纳、呼吸、应对思维等)或重新来过时,找到相应的内容。

相关推荐

《应对焦虑》
ISBN: 978-7-5046-9269-6

《应对压力》
ISBN: 978-7-5046-9093-7